高等学校电子信息类专业系列教材

U0394519

光载射频技术原理与仿真

高永胜　翟伟乐　史芳静　编著

西安电子科技大学出版社

内 容 简 介

本书以光载射频及其衍生技术的未来应用为目标,系统地介绍了光载射频技术的基本原理、光通信仿真软件 VPI TransmissionMaker 的使用方法、常用光电器件的工作特性、典型光载射频技术及系统的仿真过程,并从数学模型和软件仿真层面对光载射频技术进行了全面的剖析。全书共 4 章,包括绪论、仿真软件、常用光电器件、光载射频技术及系统仿真。其中,常用光电器件的介绍可为读者提供理论基础和实践指导,光载射频技术及系统仿真能够使读者了解实际光载射频系统的设计与优化方法,从而更好地应用光载射频技术解决实际问题。

本书内容丰富全面,既有理论性的阐述,又有实践性的指导,可作为高等院校电子信息及相关专业的高年级本科生和研究生的教材,也可供微波光子和光载射频技术领域的学者和工程技术人员自学或研究参考。

图书在版编目（CIP）数据

光载射频技术原理与仿真 / 高永胜，翟伟乐，史芳静编著. -- 西安 ：西安电子科技大学出版社，2024. 12. -- ISBN 978-7-5606-7483-4

Ⅰ. TN929.1

中国国家版本馆 CIP 数据核字第 2024ZQ2977 号

策　　划　薛英英
责任编辑　于文平
出版发行　西安电子科技大学出版社（西安市太白南路 2 号）
电　　话　(029) 88202421　88201467　　邮　　编　710071
网　　址　www. xduph. com　　　　　　电子邮箱　xdupfxb001@163. com
经　　销　新华书店
印刷单位　咸阳华盛印务有限责任公司
版　　次　2024 年 12 月第 1 版　　　　2024 年 12 月第 1 次印刷
开　　本　787 毫米×1092 毫米　1/16　　印张　13
字　　数　303 千字
定　　价　38.00 元
ISBN 978-7-5606-7483-4

XDUP 7784001-1

＊＊＊如有印装问题可调换＊＊＊

前　言

Preface

随着移动通信和物联网的蓬勃发展，现代社会对更高带宽、更稳定射频接入的渴求不断增长。传统射频技术在传输距离、有效带宽和抗干扰性等方面存在的挑战，催生了光载射频（RoF）技术的出现。RoF 技术的潜在应用广泛，涵盖宽带接入、卫星通信、物联网以及雷达等相关领域。RoF 技术有利于推动无线通信技术的创新，为未来通信系统构建更高效、更可靠的基础设施提供了新思路。为了深入研究和优化 RoF 系统的性能，对其组成模块的原理性探索十分必要。同时，系统仿真有助于全面评估 RoF 系统在不同应用场景需求下的性能，为系统设计和优化提供了有力支持。这种综合研究方法将有助于加速 RoF 技术的发展，推动其在实际场景下更广泛、更深入的应用。

本书共 4 章。第 1 章介绍了微波光子学及 RoF 技术的研究背景及技术优势。第 2 章介绍了 VPI TransmissionMaker 仿真软件的功能和使用场景、仿真页面、链路仿真及常规操作。第 3 章介绍了激光器、调制器、光电探测器、光纤和光放大器等 RoF 系统的关键组成器件，光耦合器、光衰减器、光滤波器等光无源器件，电衰减器、电功分器、电放大器、电滤波器等常用电器件以及直流电源、地、信号源、分析仪等测试类模块。第 4 章介绍了常见的电光调制方式、RoF 系统噪声、RoF 的主要技术指标，探索了调制器偏压点对系统增益和噪声的影响；针对系统性能优化需求，研究了平衡探测技术、交调失真抑制方法、光纤色散导致功率周期性衰落的抑制方法。

本书介绍的 VPI TransmissionMaker 仿真软件由德国著名光子学仿真软件公司 VPI photonics 开发设计，目前暂无中文版本。为了方便读者将书中图片与仿真系统对应起来学习，文中仿真页面相关图片保留英文，这些英文在正文中首次出现时均给出了中文释义。

本书的主要内容来源于作者及所属课题组成员的教学及科研成果，相关研究得到了国家自然科学基金等项目的资助。作者指导的博士研究生王瑞琼、谭佳俊、刘龙参与了第 1 章的整理，硕士研究生王旭波、王晓哲参与了第 2 章的整理，张东琳、钟禧瑞、吴远梁、王睿豪、李志宇、文雯等参与了第 3 章的整理工作。对他们的辛勤付出，作者谨表示衷心的感谢！

作为新型交叉研究方向，光载射频技术涉及微波、电路、光子学、光电器件等多学科领域的基础理论和专业知识，由于作者学识有限，书中难免存在不足之处，敬请广大读者批评指正。

作者
2024 年 9 月

目　录

CONTENTS

第 1 章

绪　　论

本章首先介绍微波光子学的概况，然后从研究背景及意义、系统概述和系统应用 3 个方面入手对光载射频(Radio over Fiber，RoF)系统进行介绍。

1.1　微波光子学

微波光子学是一门新兴的交叉学科，它将传统的微波技术与新型光子学技术相结合，研究如何利用光子学优势实现微波信号的产生、传输和处理等。一个简单的微波光子系统如图 1-1 所示。首先利用电光调制模块将信号加载在光载波上，随后信号在光域进行处理，包括变频、线性优化、干扰对消等。经过光纤传输后，处理过的光信号将在光电转换模块上重新转换为电信号并输出。微波光子系统的核心优势体现在光学信号处理和光纤传输超广的频段和超大的瞬时带宽上，这也是微波光子早期快速发展的主要因素。

图 1-1　微波光子系统

具体来讲，微波光子系统具有如下优点：

(1) 工作频段宽。由于电子瓶颈的限制，一般较为先进的电子器件也只能做到 8～10 个倍频程(例如，Marki Microwave 生产的 90°电桥，其工作频段为 8～67 GH[1])；然而光域器件的工作频段通常都非常广。例如，90°光耦合器的带宽达到了约 4 THz，光纤传输在 1550 nm 附近也有约 4 THz 的可用带宽。目前，限制微波光子系统工作带宽的主要因素还是电光调制和光电转换相关器件的带宽。Eospace 公司生产的小型铌酸锂(LiNbO$_3$)电光调制器[2]以及 Finisar 公司生产的光电探测器[3]的工作带宽均在 110 GHz 以上。

(2) 传输损耗小。当使用 10 MHz 正弦波进行传输损耗测量时，同轴电缆的传输损耗达到了 17 dB/km，并且随着频率的上升，传输损耗也会变大；而标准单模光纤在 1550 nm 附近的传输损耗仅为 0.2 dB/km，使得射频信号的长距离传输更加容易。

(3) 抗电磁干扰。微波信号经电光转换后，以光信号的形式在系统中传输和处理，因此不会产生电磁辐射，也不会受到外来信号的电磁干扰。这在小型化、一体化系统中尤为重要。当多种信号格式需要同时被一套小型系统产生、发射、接收处理时，使用微波光子系统可避免信号间的相互干扰。

（4）体积小，质量轻。同轴电缆的典型密度为 500 kg/km，而光纤的密度仅为 27 g/km，军用级别的光缆也仅为 31 kg/km。此外，光纤直径仅有 125 μm，军用光缆外径也仅有 3 mm，相对于同轴电缆 15 mm 的外径而言，体积小了很多。同时伴随着集成光子技术的发展，未来微波光子系统在体积、质量上的优势将越发明显。

传统微波技术与微波光子技术的简要对比如表 1-1 所示。

表 1-1　传统微波技术与微波光子技术的简要对比

实现方法	工作频率 /GHz	通道带宽 /GHz	传输损耗 /(dB/km)	密度 /(kg/km)	电磁干扰
传统微波技术	分频段，最高 300 GHz	<140	720 （在 18 GHz 时）	113	严重
微波光子技术	DC～110 GHz 连续	4000	0.2	31	无

近年来，由于微波光子学表现出的性能优势，越来越多的学者开始了关于微波光子系统的研究。这些研究主要包含微波信号的光学产生、微波光子信号传输、微波信号光学处理及信号参量测算，并在未来雷达、卫星、通信等众多领域发掘出了潜在的应用价值。

（1）微波信号的光学产生：主要包含高频低相噪本振信号的生成[4-5]、雷达信号（如相位编码信号[6]）以及线性调频信号的生成[7-8]，还包含矢量信号的生成[9-10]、任意波形信号的生成[11]等。

（2）微波光子信号传输：主要包含本振信号多路馈送[12]、时钟信号光纤馈送与同步[13]、抗色散长距离 RoF 链路[14-15]、高线性的 RoF 传输链路[16-18]、相干探测的 RoF 传输链路[19-21]等。

（3）微波信号光学处理及信号参量测算：主要包含微波光子变频[22]、移相[23-24]、测频[25]、多普勒频率测量[26]、测角/测向[27-28]、全光采样、模/数及数/模转换[29]、延时[30]、滤波[31-32]、干扰消除[33-35]等。

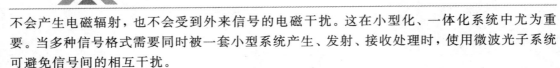

1.2　光载射频技术

光载射频（RoF）技术是微波光子学的一个技术方向，它的研究源于对通信系统带宽需求的不断增长，以及对高速、低损耗通信方案的迫切需求，其在光通信与无线通信等领域具有重要意义。该技术基于电光/光电转换和光纤传输，实现了射频信号在光纤中的长距离有效传输。RoF 技术不仅能够提供高带宽、低损耗的信号传输方案，同时也在光通信网络、毫米波通信、雷达系统等领域展现了广泛的应用前景。

1.2.1　光载射频技术的研究背景及意义

无线通信使得任何人在任何地方、任何时间的通信成为可能，而宽带通信能够将数据、语音、视频和多媒体等多种业务信息快速地传送到企业和家庭个人用户,从而丰富了人们的生活和工作。而今,人们对无线通信的需求正日益朝着高频段、高速率和大带宽的方向发展,然而现有的无线通信可以提供的带宽有限,能够承载高速数据传输业务的光纤又缺乏可移动性,那么如何实现大带宽的无线接入呢?RoF 技术正是为了满足这一需求而发展起来的无线接入技术。

RoF 技术利用光纤来传输射频信号,其实质是将射频信号调制到光波上,以实现射频信号的高保真、远距离宽带传输。其具体过程是:将射频信号直接调制到光波上,通过光纤传输到基站,再由基站进行光电解调恢复为射频信号,然后通过天线把信息发射给用户。由于光载波上承载的是射频信号,因此 RoF 系统不再属于传统的数字传输系统,而是一种模拟传输系统。国内外研究机构已经投入了大量的人力、物力和经费来探索 RoF 系统及其应用,研究内容涉及光生毫米波技术与全光频率变换技术、信号传输与损耗补偿和性能指标提升等。

毫米波是频率范围为 30～300 GHz 的电磁波,在电磁波的频谱结构中位于红外线与微波之间,它同时兼有二者的特点,具有带宽范围广、波束窄、全天候特性好(传播受天气的影响要小得多)、元器件尺寸小、系统更容易小型化等优势。因此,毫米波技术及其应用得到了快速发展。

然而,随着工作频率的提高,无线信号在大气中由于吸收和反射引起的损耗逐渐增加,传输线中的阻抗也逐渐增加,传输信号的损耗增大。因此,长距离地传送高频率的微波信号需要很昂贵的再生设备,对于毫米波而言,即便是使用传输线来进行短距离的传输也非常困难。而光载无线技术充分结合了高频无线电波和光纤传输的特点,能够实现低成本、大容量的微波信号超宽带无线接入和有线传输及对不同速率、不同调制/编码格式的数据透明传输,它具有较好的电磁兼容及抗电磁干扰能力,光纤传输损耗小,路由设置灵活,易实现网络升级等优点。通过光纤传输宽带信号,既避免了干扰又增加了容量,而且 RoF 系统光纤中传输的是超宽带的调制信号,这使得光载无线系统比传统的光纤传输系统又呈现出一些新的特点。

近十年来,从未来超高速、超大容量通信的需求和发展来看,以光纤为介质传输高频宽带无线信号,结合了光纤和无线各自优势的 RoF 技术,正在受到越来越多的关注,逐渐成为当今通信行业乃至整个信息行业的研究热点。目前,国际上的光载无线技术理论仍不完善,依旧处于发展阶段,但是随着对高速大容量技术需求的不断增加,以及网络和业务融合的不断发展,RoF 技术将迎来更大的发展机遇。

1.2.2 光载射频系统概述

在最近几十年,随着计算机和通信网络的发展,人们对网络传输的要求越来越高,而无线通信使任何时间任何地点之间的通信成为可能。宽带与无线的结合——宽带无线通信发展迅速,是未来通信行业的发展方向。

随着宽带无线接入(Broadband Wireless Access,BWA)对当前业务带宽与频谱需求的增长,微波甚至毫米波射频信号成为下一代宽带无线通信的优先选择。但是,毫米波信号在大气中的衰减大,覆盖范围小,与之相比,光纤由于其超低的传输损耗,成为非常理想的传输介质,特别是光纤还可以提供非常大的带宽,其中 C 波段采用波分复用后,带宽达到

4THz。另外，如果信号以光波的形式在光纤中传输，就不会受到电磁干扰，也不会产生电磁干扰。

　　RoF 技术是光纤通信和无线通信的结合，具有光纤通信低损耗、高带宽、无电磁干扰和无线通信灵活接入的优点。它利用光纤和高频无线电波（如 60GHz）各自的优点，实现了低成本、大容量（大于 1 Gb/s，据笔者所知，最高达到 21 Gb/s[36]）的射频信号光纤传输以及无线接入，是未来宽带接入发展的必然趋势[37-38]。

　　在 RoF 系统中，射频信号被调制到光载波上，调制后的光信号通过光纤传输到各个基站，在基站进行光电转换，解调出射频信号，通过天线发射给基站覆盖的各个用户。从结构上讲，光载射频系统一般由中心站（Center Office，CO）、光纤链路和基站（Base Station，BS）组成，其系统结构如图 1-2 所示[38]。由图 1-2 可知，路由、交换和信号处理等都集中在中心站上，通过光纤网络使信号从中心站馈送到多个 BS。

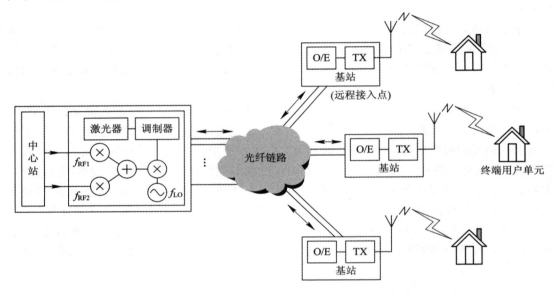

图 1-2　RoF 系统结构图

　　中心站主要包含上变频模块、激光产生模块和电光调制模块。信号经过编码、调制，得到的射频信号经过上变频模块后通过调制器调制到光载波上。光信号经过光纤下行链路传输到各个基站单元。基站主要完成光电解调、射频信号放大、天线发射功能，最终将无线射频信号发送到终端用户单元。用户到中心站的通信方式与之相反，发出的射频信号被基站天线接收后，在基站调制到光载波上，调制好的光信号通过光纤上行链路传输到中心站，然后进行解调和数字处理。更重要的是在一个中心站、多个基站的 RoF 系统中，激光源、上变频、电光调制等复杂的模块均在中心站，基站相对比较简单，这样可以实现资源共享，同时降低基站的成本且方便系统的维护和建设。

　　综上所述，作为光纤通信以及微波光子技术的一个分支，RoF 技术拥有无线接入的能力，可以在任何时间任何地点为用户提供无缝的高速率无线接入。因此除了具备微波光子系统工作频段广、传输损耗小、抗电磁干扰、体积小质量轻等优势，RoF 系统还具备成本低、方便维护的特点，其昂贵、复杂的电光调制模块（包括光源、调制器等重要器件）位于中

心站，可以资源共享；远端基站只有简单的光电解调模块（主要是光电检测）[36]，降低了 RoF 系统成本，方便集中控制。

1.2.3 光载射频系统应用

在未来移动通信系统[37-38]中，RoF 技术为低成本、大容量、数量巨大的基站提供了一个经济、合理的解决方案。为了提高信号带宽，必须增加载波频率，然而载波频率越高，信号在大气中的衰减就越大。光载射频技术可以解决这个问题，并且通过优化中心站和基站的结构可以降低整个系统的成本。同时，由于 RoF 系统基于基本的物理层，对信号格式没有要求，可以做到真正的透明传输。所以，RoF 技术被认为未来无线接入网的重要技术[39-40]。

据报道，三星电子已经研究出第 5 代移动通信技术的核心技术[41]。在该技术中，中心频率在 28 GHz，数据速率在 1 Gb/s 以上，高达 28 GHz 频段的信号在空中衰减很大，采用光纤馈送是一个可行方案。

RoF 技术也可以用在高速智能交通系统中[42-43]。智能交通系统不仅包括车辆之间的通信，还包括车辆内部的通信。但射频信号在大气中的衰减非常大，每个终端天线只能覆盖几十米的范围。可以在道路两旁建立许多基站并利用光纤实现中心站和基站的通信，形成一个简单、高速率、无缝的无线网络覆盖，其系统结构如图 1-3 所示。

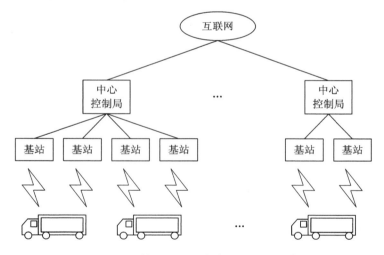

图 1-3 基于 RoF 技术的智能交通系统

当代生活需要高速率的无线信号接入，这在一些大型公共室内空间（如车站、体育场、商场等）中的需求更为迫切。WiFi 技术现在已经非常流行和成熟，但第一代 WiFi 频段较低（2.4 GHz），无法实现更大带宽的无线接入。为了实现高带宽，必须向更高频率频段发展（如目前的 WiFi 6、下一代 WiFi 7 所用到的 6 GHz 频段），而更高频率的无线射频信号在建筑物内特别是有墙壁隔离时的衰减很大，因此无线射频信号很难做到在室内高质量的大覆盖。

基于 RoF 技术的室内无线覆盖系统如图 1-4 所示[42-45]。在室内各个位置设置天线单元，通过光纤实现各个单元射频信号的馈送，实现室内高速率的无线覆盖。RoF 系统可以是家庭网络接入的一个理想方案。由于墙壁对无线电衰减严重，因此把射频基站安置在每个房间，在减少用户资源冲突的同时，可极大地提高每个用户的无线数据容量[46]。

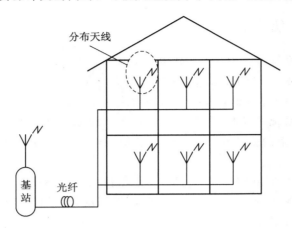

图 1-4　基于 RoF 技术的室内无线覆盖系统

1.3　各章节安排

本书共分为 4 章，后续的章节内容安排如下：

第 2 章介绍 VPI TransmissionMaker 仿真软件的简单使用方法，包括仿真页面菜单、参数设置和常规操作。

第 3 章介绍光载射频通信系统中常见光电器件，如激光器、调制器、光纤、光电探测器、光放大器、光无源器件、电器件和测试类仪器等器件的特性、仿真参数设置和简单仿真演示。

第 4 章介绍 5 种常见电光调制方式、光载射频系统中的噪声特性、主要技术指标、调制器偏压点对系统的影响、光载射频系统中的平衡探测技术，针对光载射频系统中的非线性失真和功率周期性衰落现象，研究分析基于 DPMZM 的三阶交调失真抑制方法、基于 PDM-DPMZM 的二阶、三阶交调同时抑制方法和抑制功率周期性衰落的经典方法，并分别进行理论分析、仿真和实验验证。

参 考 文 献

[1]　Marki Microwave. QH-0867 3 dB Quadrature（90 degree）Hybrid Coupler［EB/OL］.（2015-04-16）［2023-12-20］. https：//www. markimicrowave. com/hybrids/qh-0867. aspx.

[2]　Eospace. Ultra-Wideband（DC-65GHz-110GHz＋）Modulator［EB/OL］.（2018-10-01）［2023-12-20］. https：//www. eospace. com/ultrawideband-modulator.

[3]　Finisar corporation. 100 GHz Single High-speed Photodetector［EB/OL］.（2014-04-09）［2023-12-20］. https：//www. finisar. com/optical-components/xpdv412xr.

[4]　SHEN P, GOMES N, DAVIES P, et al. High-purity millimetre-wave photonic local oscillator generation and delivery［C］. International Topical Meeting on Microwave Photonics, 2003：189－192.

[5]　FAYZA K, JOSEPH A, MEEVA P, et al. Microwave Signal Generation and Noise Reduction Using Cascaded MZM for Radar Applications［C］. Advances in Computing and Communications（ICACC）2015 Fifth International Conference on, 2015：227－230.

[6]　LI P, YAN L, YE J, et al. Photonic generation of binary and quaternary phase-coded microwave signals by utilizing a dual-polarization dual-parallel Mach-Zehnder modulator［J］. Optics express, 2018, 26（21）：28013－28021.

[7]　CHEN W, ZHU D, XIE C, et al. Photonics-based reconfigurable multi-band linearly frequency modulated signal generation［J］. Optics express, 2018, 26（25）：32491－32499.

[8]　CHENG R, WEI W, XIE W, et al. Photonic generation of programmable coherent linear frequency modulated signal and its application in X-band radar system［J］. Optics express, 2019, 27（26）：37469－37480.

[9]　HAN Y, ZHANG W, ZHANG J, et al. Two microwave vector signal transmission on a single optical carrier based on PM-IM conversion using an on-chip optical hilbert transformer［J］. Journal of lightwave technology, 2018, 36（3）：682－688.

[10]　GAO Y, WEN A, JIANG W, et al. Fundamental/subharmonic photonic microwave i/q up-converter for single sideband and vector signal generation［J］. Transactions on microwave theory and techniques, 2018, 66（9）：4282－4292.

[11]　YAO J. Photonic generation of microwave arbitrary waveforms［J］. Optics communications, 2011, 284（15）：3723－3736.

[12]　QUADRI G, ONILLON B, MARTINEZ-REYES H, et al. Low phase noise optical links for microwave and RF frequency distribution［C］. Microwave and Terahertz Photonics. Microwave and Terahertz Photonics, 2004：34－43.

[13]　ONILLON B, CONSTANT S, QUADRI G, et al. Low phase noise fiber optics links for space applications［J］. Low phase noise fiber optics links for space applications, 2005.

[14]　GAO Y, WEN A, LIU L, et al. Compensation of the dispersion-induced power fading in an analog photonic link based on PM－IM conversion in a sagnac loop［J］. Journal of lightwave technology, 2015, 33（13）：2899－2904.

[15]　XIE Z, YU S, CAI S, et al. Simultaneous improvements of gain and linearity in dispersion-tolerant phase-modulated analog photonic link［J］. Photonics journal,

2017，9(1)：1 − 12.

[16] LI W，WANG L，ZHU N. Highly linear microwave photonic link using a polarization modulator in a sagnac loop[J]. Photonics technology letters，2013，26 (1)：89 − 92.

[17] LI S，ZHENG X，ZHANG H，et al. Highly linear radio-over-fiber system incorporating a single drive dual-parallel mach-zehnder modulator[J]. Photonics technology letters，2010，22(24)：1775 − 1777.

[18] HUANG M，FU J，PAN S. Linearized analog photonic links based on a dual-parallel polarization modulator[J]. Optics letters，2012，37(11)：1823 − 1825.

[19] ZHANG H，WEN A，ZHANG W，et al. A spectral efficient self-homodyne-detected microwave photonic link with an extended fiber-reach[J]. Photonics technology letters，2018，30(19)：1719 − 1722.

[20] CHEN X，YAO J. A coherent microwave photonic link with digital phase noise cancellation[C]. The 2014 International Topical meeting on Microwave Photonics and the 2014 9th Asia-Pacific Microwave Photonics Conference，2014：438 − 441.

[21] CHEN X，YAO J. A high spectral efficiency coherent microwave photonic link employing both amplitude and phase modulation with digital phase noise cancellation[J]. Journal of lightwave technology，2015，33(14)：3091 − 3097.

[22] LINDSAY A，KNIGHT G，WINNALL S，et al. Photonic mixers for wide bandwidth RF receiver applications[J]. Transactions on microwave theory and techniques，1995，43(9)：2311 − 2317.

[23] CHEN H，DONG Y，HE H，et al. Photonic radio-frequency phase shifter based on polarization interference[J]. Optics letters，2009，34(15)：2375 − 2377.

[24] LIU W，LI W，YAO J. An ultra-Wideband Microwave Photonic Phase Shifter With a Full 360° Phase Tunable Range[J]. Photonics technology letters，2013，25(12)：1107 − 1110.

[25] MA Y，LIANG D，PENG D，et al. Broadband high-resolution microwave frequency measurement based on low-speed photonic analog-to-digital converters[J]. Optics express，2017，25(3)：2355 − 2368.

[26] LU B，PAN W，ZOU X，et al. Wideband microwave doppler frequency shift measurement and direction discrimination using photonic I/Q detection[J]. Journal of lightwave technology，2016，34(20)：4639 − 4645.

[27] VIDAL B，PIQUERAS M，MARTI J. Direction-of-arrival estimation of broadband microwave signals in phased-array antennas using photonic techniques[J]. Journal of lightwave technology，2006，24(7)：2741 − 2745.

[28] CHEN H，CHAN E. Simple approach to measure angle of arrival of a microwave signal[J]. Photonics technology letters，2019，31(22)：1795 − 1798.

[29] SEFLER G，CHOU J，CONWAY J，et al. Distortion correction in a

high-resolution time-stretch ADC scalable to continuous time [J]. Journal of lightwave technology, 2010, 28(10): 1468 – 1476.

[30] JUNG B, SHIN J, KIM B. Optical true time-delay for two-dimensional x-band phased array antennas[J]. Photonics technology letters, 2007, 19(12): 877 – 879.

[31] GE J, FENG H, SCOTT G, et al. High-speed tunable microwave photonic notch filter based on phase modulator incorporated Lyot filter[J]. Optics letters, 2015, 40(1): 48 – 51.

[32] YU Y, XU E, DONG J, et al. Switchable microwave photonic filter between high Q bandpass filter and notch filter with flat passband based on phase modulation[J]. Optics express, 2010, 24(18): 25271 – 25282.

[33] ZHOU W, XIANG P, NIU Z, et al. Wideband optical multipath interference cancellation based on a dispersive element[J]. Photonics technology letters, 2016, 28(8): 849 – 851.

[34] ZHOU Q, FENG H, SCOTT G, et al. Wideband co-site interference cancellation based on hybrid electrical and optical techniques[J]. Optics letters, 2014, 39(22): 6537 – 6540.

[35] CHANG M, LEE C, WU B, et al. Adaptive optical self-interference cancellation using a semiconductor optical amplifier[J]. Photonics technology letters, 2015, 27 (9): 1018 – 1021.

[36] LIN C, WONG E, JIANG W. 28-Gbs 16-QAM OFDM Radio-over-Fiber System Within 7-GHz License-Free Band at 60 GHz Employing All-Optical Up-conversion [C]. Conference on Lasers and Electro-Optics. Optical Society of America, 2009: CPDA8.

[37] 朱美伟. 60GHz-RoF 传输系统关键技术的研究[D]. 上海：上海大学, 2008.

[38] 徐坤, 李建强. 面向宽带无线接入的光载无线系统[M]. 北京：电子工业出版社, 2009.

[39] 王静. 基于 OFM 光生毫米波技术的 ROF 系统的研究[D]. 北京：华北电力大学, 2011.

[40] LEE K. Radio over fiber for beyond 3G[C]. International Topical Meeting on Microwave Photonics, 2005.

[41] 李小飞. 三星电子研发出 5G 核心技术或 2020 实现商用[EB/OL]. 2013-05-13 [2023-12-20]. https://www.huanqiu.com/article/9CaKrnJAtyW.

[42] 郑平. 光载射频系统中光生毫米波技术研究[D]. 西安：西安电子科技大学, 2010.

[43] KIM H, EMMELMANN M. A Radio over Fiber Network Architecture for Road Vehicle Communication Systems[C]. In Proc of IEEE Vehicular Technology Conference, IEEE, 2005

[44] GOLOUBKOFF M, PENARD M, TANGUY D, et al. Outdoor and Indoor Application for Broadband Local Loop with Fiber Supported MM-Wave Radio

Systems[C]. IEEE MTT-S International Microwave Symposium Digest，IEEE，1997.

[45] 黄嘉明，陈舜儿，刘伟平，等. RoF 技术分析及其应用[J]. 光纤与电缆及其应用技术，2007(02)：32－35.

[46] JIANG W，LIN C，NG A. Simple 14-Gb/s short-range radio-over-fiber system employing a single-electrode MZM for 60-GHz wireless applications[J]. Journal of lightwave technology，2010，28(16)：2238－2246.

第 2 章

仿 真 软 件

本章首先从 RoF 仿真的实际需求出发，介绍了 VPI 软件的架构、主要功能和应用场景；然后介绍了 VPI 的仿真操作界面，并以具体的仿真链路为例，讲述了基本参数设置、器件使用和仿真注意事项；最后介绍了使用 VPI 仿真的基本操作。

2.1　VPI 软件介绍

VPI 全称为 VPI TransmissionMaker，是德国著名光子学仿真软件公司 VPI photonics 开发的光子学设计软件[1-5]，用于实现光通信系统、光纤通信等系统的搭建及仿真模拟，以及性能分析等，可用于从短距离到超长距离链路的仿真和应用设计。同时 VPI 可以与第三方实现联合仿真，完成系统平台的搭建，实现信号的传输和处理等。其公司图标如图 2 - 1 所示。

图 2 - 1　VPIphotonics 公司图标

VPI 拥有丰富的光通信系统仿真模块，其功能包括搭建、分析和验证光通信系统。它为用户提供了许多仿真模块对传输系统进行建模，仿真模块可实现信号源、发射机、接收机、光调制器、光纤、光滤波器、光放大器及信号分析仪等多种类型的器件[6-7]。根据相关规则，VPI 可以调用相关模块在实验区搭建相应的实验系统，修改系统内各模块的参数，同时可以利用 MATLAB、C＋＋、Python 等编程语言设计相关模块，大大提高了工作效率[8-10]，可以通过多种类型的分析仪得到信号的眼图、波形图、频谱图、误码率等信息，为用户对光通信系统进行仿真研究提供了理想的平台[11]。

自 1998 年 VPI 推出系列光子学仿真设计软件以来，VPIphotonics 公司二十多年来专注于光通信系统和器件芯片设计仿真方向，紧跟业内最新技术发展趋势，为业内广大公司和研究单位客户持续提供最新软件仿真解决方案。

在 VPIphotonics 软件中提供了 900 多个演示应用程序，详细讲解了各种建模功能、PDE 功能、数据处理技术和仿真概念。更多的信息可以在 VPIphotonics 用户论坛（forums. vpiphotonics. com）上查看[12]。

在仿真过程中，我们常用的主要是 VPI 系列中的 VPIphotonics Design Suite 和 VPIphotonicsAnalyzer，分别用于建立光子学模型和数据显示分析，它们都提供可以与第三方软件联合仿真的接口。

VPIphotonics Design Suite 的架构如图 2-2 所示，包括传输设计（Transmission Design）和组件设计（Component Design），其中实验室专家（Lab Expert）可以模拟实验室设备，减小工作量；光学系统（Optical Systems）用于传输系统的新型光子系统和子系统的设计；光纤（Fiber Optics）用于基于光纤的光学器件的建模、优化和设计；光子链路（Photonic Circuits）提供器件库，可以模拟和设计环境的光子集成电路，根据系统需求设计组件，并根据组件特点修改传输链路的功能。VPIphotonics Design suite 以灵活直观的图形用户界面提供了复杂组件、子系统和光子系统的设计功能，其中原理图或模型参数都可以通过交互式控件进行管理，或者由扫描和随机数生成器驱动。它可以进行交互仿真（调参、扫码、优化、Monte-Carlo 法）、调优、扫描、优化、宏命令、仿真脚本、参数估计器和第三方接口等设计。

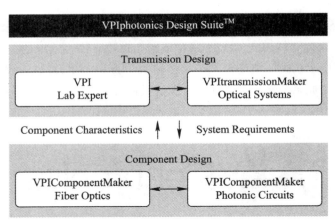

图 2-2 VPIphotonics Design Suite 架构

VPIphotonicsAnalyzer 建立了数据显示和分析的通用框架，具有很大的灵活性，允许用户在 VPIphotonics 设计套件及第三方软件中显示、安排、导出和分析结果。VPIphotonicsAnalyzer 框架提供了可视化器和分析仪，能准确地将实验室测试和测量设备的详细结果进行显示，并具有组件表征和系统性能分析功能。它包括光谱分析仪、频谱分析仪、示波器、眼图、增益 NF 及误码率测试等工具，并带有图或文本显示和直方图模式的数字 1D、2D 和 3D 分析图。

VPI TransmissionMaker 支持第三方接口协同仿真，允许使用第三方或内部代码对仿真原理图的部分内容进行建模。它提供了 MATLAB、Python、C++和任何支持 COM 接口的软件的实时接口，因此仿真与第三方软件模型无缝交互。仿真引擎驱动程序（SED）为外部系统和第三方工具提供了对 VPIphotonics Design Suite 仿真引擎的访问。

VPI 主要用于以下场景的仿真：

（1）集成光子器件与光纤的设计。VPIdeviceDesigner 是一个多功能仿真框架，用于集成光子器件、波导和光纤的分析和优化[13]。它提供了一套用于波导分析的全矢量有限差分模式求解器，以及用于模拟二维和三维光子器件的光束传播方法（BPM）和特征模展开方法（EME）。

（2）光子系统与网络设计。VPItransmissionMaker 可用于短距离、接入、城域和长途应用的新型光传输系统的设计，并允许为现有网络工厂开发技术升级和组件替代策略。它可以充分验证链接设计，以实现成本节约、新技术研究或假设分析执行[14-15]。

（3）光纤放大器和激光器的设计。VPItransmissionMaker 可以用于建模、优化和设计单模和多模光纤光学器件的研发工具，如掺杂光纤、拉曼和参量放大器、连续波和脉冲光纤源、SDM 多模放大器，在电信、大功率和超快应用的光信号处理中有重要价值。

（4）相干光学系统的 DSP 库。VPItoolkit DSP 库包含模拟和实验相干光学系统所需的所有发送端和接收端功能，包括 I/Q 不平衡校正、盲 CD 估计和补偿、数据辅助信道均衡、时钟恢复和偏置、载波频率和相位恢复、极化解复用、PMD 补偿、非线性数字预失真、光纤诱导非线性补偿。端到端信道建模算法支持广泛的调制格式，包括双极化 BPSK、QPSK、M-QAM、QAM 以及极化开关 QPSK[16]。

（5）光子集成电路设计。VPIcomponentMaker 光子电路为光子集成电路（PIC）设计提供了一个集中的建模和仿真环境，包括先进的库（用于建模 PIC）及数百个光子、光电和电气元件，可以快速准确地模拟由有源和无源子元素组成的异构 PIC。

（6）实验室高级信号处理与分析。VPIlabExpert 解决了实验人员对光通信数据预处理、后处理以及信号分析功能的要求，用于模拟软件和实验室设备之间的自动信号转换和传输，灵活地满足用户特定的要求。仿真过程中可以创建发送任意波形，相位模式或矢量信号发生器，在接收端，用实时或等效时间示波器和通信分析仪捕获的信号可以被读入软件环境中进行 DSP 解调和性能分析（误码率、EVM 和信噪比估计、星座分析等）。

（7）成本优化的网络实现。VPIlinkConfigurator 和 VPIlinkDesigner 为光网络工程提供了直观的图形用户界面和强大的算法，包括自动设备放置和全面的系统性能评估。这些链路工程工具支持复杂网络的设备配置，包括 ROADMs 和真环拓扑的详细性能计算。

（8）深度神经网络的设计与实现。VPItoolkit ML 框架是 VPIphotonics Design Suite 任何仿真工具的多功能附加组件，可以设计用于各种应用的深度神经网络（DNN），例如光学系统的均衡和非线性缓解、器件表征、光子器件的评估和逆设计；可以部署定制的机器学习（ML）算法；此外它还提供了一个现成的基于 Python 的开源深度神经网络，通过直观易用的界面来设置模型参数和完成收敛约束。

2.2　仿真页面介绍

VPI 的界面如图 2-3 所示，主要分为器件栏、工具栏、项目呈现栏和运行栏。

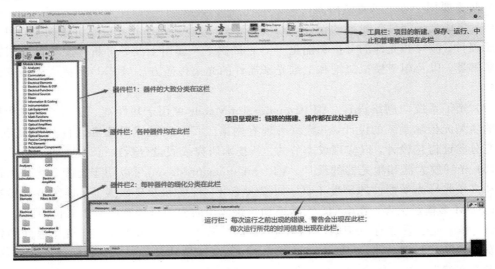

图 2-3　仿真页面

器件栏中的常用器件有分析仪、电/光滤波器、电源、光纤、光电调制器、激光器、电/光放大器、电/光衰减器等，如图 2-4 所示。

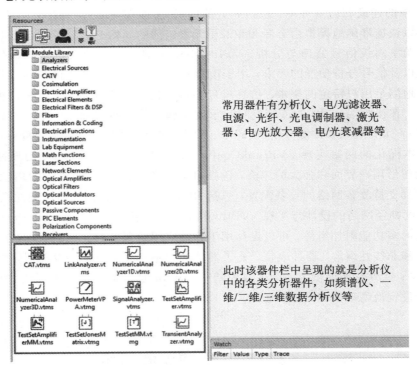

图 2-4　仿真页面的器件分类

如图 2-5 所示，工具栏中常用的操作有新建、保存、打开项目，开始、中止仿真，并可以设置全局变量。

图 2-5 仿真页面的工具栏

在图表栏可以进行线条的勾勒及颜色填充，如图 2-6 所示。

图 2-6 仿真页面的工具栏

2.3 链路仿真介绍

在项目呈现栏双击链路空白处，就打开了全局变量的设置，可以对项目的时间窗、采样率、比特率等参数进行设置，如图 2-7 所示。

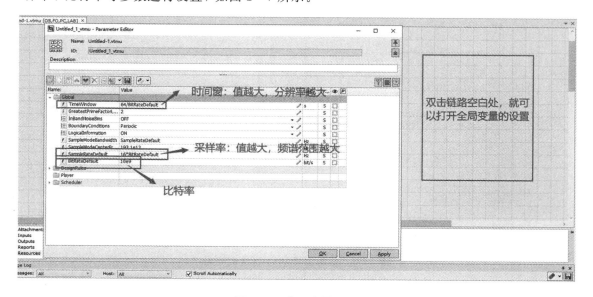

图 2-7 全局变量设置

简单的链路示意图如图 2-8 所示，由激光器、射频信号、调制器、直流源、光纤（图中无）、光电探测器以及相应分析仪组成。

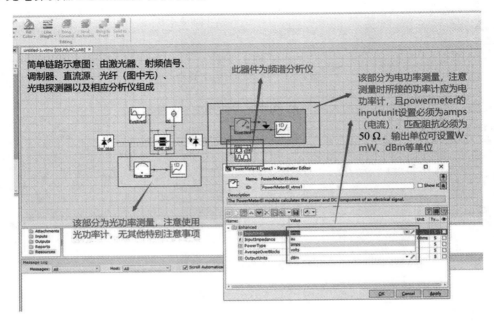

图 2-8　链路仿真

右键相关器件，点击最下端的"Help"就可以出现关于此器件的有关文档，详细介绍该器件的原理及其他信息，如图 2-9 所示。

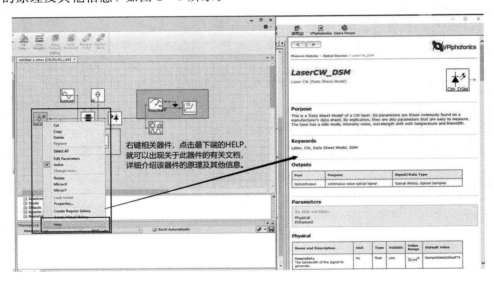

图 2-9　链路仿真中 Help 文档使用

链路仿真数据如图 2-10 所示，可以进行改变横纵坐标范围、放大、缩小、适应大小等操作，并可以观察时域图、眼图、频谱图等分析数据。

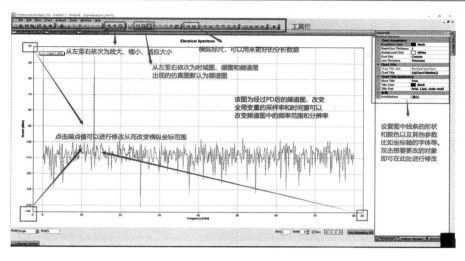

图 2-10 链路仿真数据图

2.4　常规操作介绍

VPI 中的常规操作有很多，下面对扫频和图像-数据转换进行简单介绍。

2.4.1　扫频操作

在如图 2-11 所示的器件参数的设置界面中，可以使用创建扫频控制（Create Sweep Control）动态分析随相关数值变化的仿真结果。

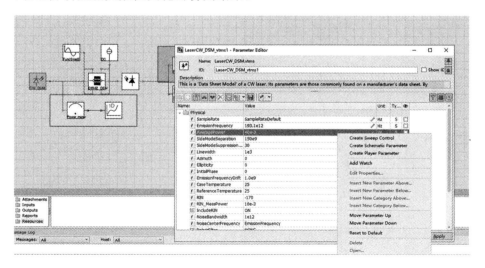

图 2-11　扫频操作 1

在如图 2-12 所示的扫频设置界面中，可以根据需要设置扫频区间、扫频类型、扫频间隔等。

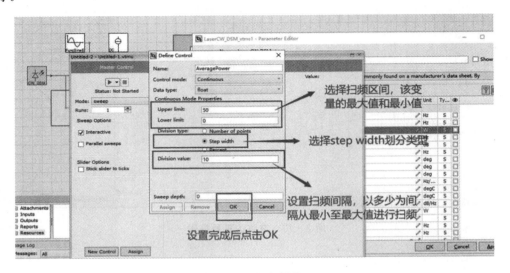

图 2-12　扫频操作 2

　　点击"OK"，然后点击"开始"即可开始扫频，如图 2-13 所示。

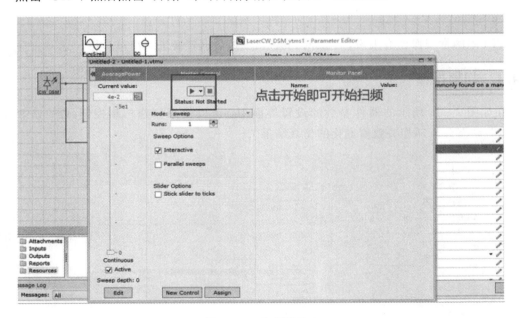

图 2-13　扫频操作 3

2.4.2　图像转成数据

　　如图 2-14 所示，在链路仿真结果界面中右击，出现图像界面修改菜单，包括"Show Legend（显示图例）""Copy Image（复制图像）""Properties（属性）""Apply Theme（应用主

题）""Copy Formatting（复制格式）"和"Text View（以文本的形式显示）"，点击菜单的
"Text View"，即可将图像转成数据。

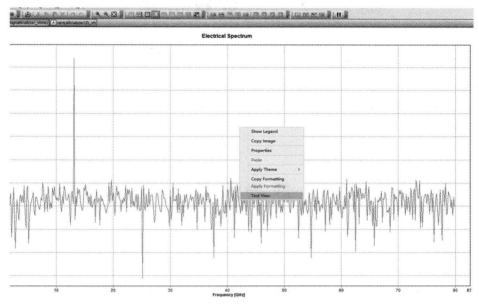

图 2 - 14 图像转数据方式 1

如图 2－15 所示，在链路仿真数据界面中右击，出现数据界面修改菜单，包括"Select
All（全选）""Copy（复制）""Copy All Trace（复制所有数据点）""Plot View（以图表的形式
显示）"，点击"Copy All Trace"即可复制所有的数据点。由于图 2－14 为频谱图，此横轴为
频率，纵轴为功率；若仿真结果为时域图，则横轴为时间，纵轴为幅度。

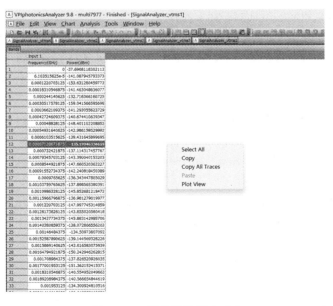

图 2 - 15 图像转数据方式 2

2.5　本 章 小 结

本章首先介绍了 VPI TransmissionMaker 仿真软件的功能和适用场景；接着标注并介绍了仿真页面工具栏、菜单栏以及器件库的位置和功能；然后给出了全局变量设置、链路搭建、器件帮助文档和仿真结果页面等操作进行简单演示；最后重点介绍了仿真过程中经常用到的扫频操作。

参 考 文 献

[1]　BELKIN M，BAKHVALOVA T. Studying optical frequency comb-based fiber to millimeter-band wireless interface［C］. The Fifteenth Advanced International Conference on Telecommunications（AICT-2019），2019：28－31.

[2]　LIY，ZHANG Y，LI L，et al. A novel 32-point modulation scheme of 6PolSK-QPSK signal［J］. IEEE access，2023，11：47774－47780.

[3]　BELKIN M，ALYOSHIN A，FOFANOV D. Designing WDM-RoF Concept-Based Full-Duplex MMW Fiber Fronthaul Microcell Network［C］. 2020 26th Conference of Open Innovations Association（FRUCT），2020.

[4]　陈静，陈琳. 基于 VPIphotonics 的 OFDM PON 系统的仿真研究与分析［J］. 信息与电脑（理论版），2022，34（2）：28－30.

[5]　PEREZ-RAMOS A E，ARVIZU A，VILLARREAL-REYES S，et al. Development of an experimental bed of tests for IR-UWBoF-IM/DD systems based on the use of the VPIphotonics simulation platform［J］. Revista mexicana de fisica，2014，60（6）：435－442.

[6]　PAN H. VPIphotonics offers VPIdeviceDesigner software platform for photonic device design［J］. Fiber optics & communications：monthly newsletter lovering domestic & international news on fiber optic communications and related fields，2021，44（5）：7－8.

[7]　KHURRAM，KARIM，QURESHI. Simulation of Semiconductor Fiber Ring Lasers for C-Band Applications［C］. International Conference on Emerging Trends in Engineering and Technology（ICETET'2013，Phuket）.

[8]　吴华炳. 光纤布拉格光栅在高铁地震预警传感网络的应用研究［D］. 暨南大学，2015.

[9]　MEB A，DF A，AS A. Microwave photonics approach as a novel smart fabrication technique of a radio communication jammers［J］. Procedia computer science，2021，180：950－957.

[10]　赵环，刘毓. 200Gbps 超高速 PDM-16QAM 光通信系统 [J]. 新型工业化，2016，6(09)：66 – 71.

[11]　胡灿. 数据中心光网络的高速互连技术研究[D]. 北京：北京邮电大学，2018.

[12]　HUSSIN S，PUNTSRI K，NOE R. Analysis of partial pilot filling phase noise compensation for CO-OFDM systems[J]. IEEE photonics technology letters，2013，25(12)：1099 – 1102.

[13]　GUPTA R，KALER R S. Nonlinear Kerr and intermodal four-wave mixing effect in mode-division multiplexed multimode fiber link[J]. Optical engineering，2019，58(3)：036108.

[14]　NEDRA BENLETAIEF，HOURIA REZIG，AMMAR BOUALLEGUE. Experimental study of continuous variable quantum key distribution[C]. 11th International Conference on Information Assurance and Security (IAS)，IEEE，2015.

[15]　TOMAS HORVATH，JAN CHLAPEK，PETR MUNSTER，et al. High speed (100G) access networks[J]. Journal of communications software and systems，2018，14(3)：258 – 263.

[16]　叶凡，季珂，陈鹤鸣. 12 信道波分-模分-偏振混合复用光通信系统的性能分析 [J]. 光通信技术，2019，43 (11)：54 – 57.

第 3 章

常用光电器件

RoF 作为一种融合光学和微波技术的前沿技术，在现代通信和未来无线传输系统中将发挥关键性作用。该系统利用了光学和微波技术之间的相互作用，将射频信号转换为光信号，然后通过光纤传输再次将其还原为射频信号。在这一复杂的通信过程中，涉及一系列关键器件，包括激光器、电光调制器、光纤、光电探测器和光放大器等。

在本章中，我们将深入探讨这些关键器件的工作原理、性能特点和具体仿真实现。比如激光器如何产生稳定的光载波信号，电光调制器如何将射频信号加载到光信号中，以及光纤如何作为传输介质实现长距离通信等。对于更复杂的 RoF 系统，我们还将讨论典型光无源器件和电器件的特性及功能，包括光衰减器、光耦合器、光滤波器、电放大器、电滤波器、电功分器等，并重点介绍这些器件的 VPI 仿真操作。

3.1 激 光 器

激光器是光通信系统中的光源，它产生适当波长的激光信号作为光载波，搭载调制信号进行传输。依据工作介质的不同，主要分为固体激光器、液体激光器、气体激光器和半导体激光器等类型。由于具有体积小、寿命长、输出功率大、线宽窄和容易集成等优点，半导体激光器成为现阶段光通信系统中最常用的激光器之一。

常见的半导体激光器有法布里-珀罗（Fabry-Perot，F-P）谐振腔激光器、DFB 激光器和垂直腔面发射激光器（Vertical-cavity Surface-emitting Laser，VCSEL）3 种。其中，F-P 激光器结构简单，但线宽较宽，波长的温度漂移也较大，不适合高速光通信系统；DFB 激光器的线宽较窄，波长随温度漂移特性较小，因此较适合长距离、高速和高质量通信要求的通信系统[1]，不足之处在于相比 F-P 激光器而言，结构稍复杂，且工作在 1550 nm 波段时容易产生频率啁啾（Chirp）现象；相比于 F-P 和 DFB 激光器，VCSEL 激光器是一种较新类型的半导体激光器，目前在短程光互联市场，如机器视觉、人脸识别、3D 感测和虚拟现实等领域中极具应用价值[2-4]。VCSEL 激光器具有线宽窄、波长温度漂移小、阈值功率低、电光转换效率高、可高频调制和容易二维集成等优势[5-6]，其中，850 nm 和 940 nm 的 VCSEL 激光器已经实现商用，如欧司朗光电半导体公司的 PLPVCQ 850、PLPVCQ 940[7-8]。但是由于长波长（1310 nm、1550 nm）的 VCSEL 激光器输出功率低，结构及制造工艺复杂，因此目前还未能得到大规模应用[9]。

图 3-1(a)、(b)和(c)分别为美国 Thorlabs 公司的 F-P 激光器、美国 EM4 公司的 DFB 激光器和德国欧司朗光电半导体公司的 VCSEL[10] 激光器。

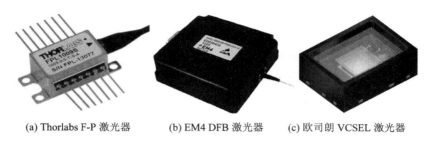

(a) Thorlabs F-P 激光器　　(b) EM4 DFB 激光器　　(c) 欧司朗 VCSEL 激光器

图 3-1　半导体激光器

根据上文所述，相比于 F-P 激光器和 VCSEL 激光器，DFB 激光器输出功率较大、线宽较窄、波长随温度漂移适中(即波长稳定性较好)，并能保持动态单纵模输出，因此，其在高性能的光纤通信系统中应用得更为广泛。

根据调制信号与激光器作用形式的不同，可以将激光器分为直接调制激光器和外部调制激光器两种，下面分别介绍这两种激光器。

3.1.1　直接调制激光器

1. 器件特性

直接调制激光器(DML，简称直调激光器)同时具备光源产生和信号调制两个功能。调制信号直接注入 DML 中，调制激光器的驱动电流，从而使输出信号带有强度和相位调制信息[11-12]。

直调激光器的输出调制光功率与输入驱动电流的变化关系(P-I 曲线)如图 3-2 所示。图中，I_{th} 表示阈值电流，是激光器自发辐射和受激辐射的界限(当驱动电流 $I < I_{th}$ 时，激光器以自发辐射过程为主，输出光功率较小，产生荧光；当驱动电流 $I > I_{th}$ 时，激光器以受激辐射为主，输出光功率迅速增大，此时产生的是激光)；I_b 为偏置电流，决定了激光

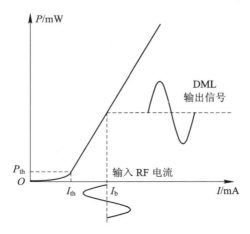

图 3-2　DML 的输出调制光功率与输入驱动电流的变化关系

器的工作点；P_{th} 为阈值功率。为了确保激光器工作在线性区，通常将 I_b 设置在 $P-I$ 曲线的线性工作点处。

DML 的输出光功率和光场幅度如下：

$$P_{DML}(t)=P_0(1+m\cdot\cos\omega_{RF}t) \tag{3-1}$$

$$E_{DML}(t)=E_0\sqrt{(1+m\cdot\cos\omega_{RF}t)}\times e^{j\omega_c t} \tag{3-2}$$

式中，$P_0=S_l(I_b-I_{th})$ 为激光器的平均输出光功率；$m=I_{RF}/(I_b-I_{th})$ 表示强度调制指数；ω_{RF} 是调制信号的角频率；E_0 表示 DML 的平均输出光场幅度；ω_c 为激光信号的角频率。

实际上，激光器在输出激光信号时，往往伴随着强度和相位上的随机波动，产生强度噪声和相位噪声。驱动电流注入调制器后，改变了器件内部的载流子浓度，影响了材料的折射率，致使激光信号的相位不稳定，输出的光信号的中心频率就会发生频偏，即频率啁啾[13]。在光通信应用领域，频率啁啾会展宽脉冲信号，与光纤色散相互作用以后，加剧噪声和系统的非线性，严重限制了系统的传输距离，制约了光通信领域的发展[14]。

考虑到激光器的强度和相位噪声，可以进一步表示为

$$E_{DML}(t)=\begin{cases}\left[E_0\sqrt{(1+m\cdot\cos\omega_{RF}t)}+E_{RIN}(t)\right]\times e^{j[\omega_c t+\Phi_0(t)+\Phi_{Chirp}(t)]}, & I>I_{th}\\ \sqrt{P_{th}}, & I\leqslant I_{th}\end{cases} \tag{3-3}$$

其中，$E_{RIN}(t)$表示激光的强度波动，即相对强度噪声；$\Phi_0(t)$表示与线宽相关的相位抖动，即基本相位噪声；$\Phi_{Chirp}(t)$表示由频率啁啾引起的相位抖动。

半导体激光器的噪声分为强度噪声和相位噪声，一定条件下相位噪声和强度噪声之间可以相互转化。其中，强度噪声主要来源于激光器中自发辐射的随机性，另外在低频段还有 $1/f$ 噪声等。

这里用 RIN 表示激光器的相对强度噪声，指归一化为平均功率的功率噪声，即单位频带宽度中噪声与平均输出光强的比值。常用 dB/Hz 作单位，它是描述激光器量子噪声特性的参数，我们希望它越小越好。

RIN 可以表示为噪声功率的均方值和平均输出功率之比：

$$\text{RIN}=\frac{(\delta p_N^2)}{(\overline{P_c})^2} \tag{3-4}$$

其中，δp_N^2 表示功率波动的方差(即强度噪声的方值)，$(\overline{P_c})^2$ 表示平均光功率。

由于 DML 器件成本较低、尺寸小、易于实现集成，所以在中短距离光纤通信系统中更具有优势，也是目前电光调制模块中常用的光源和调制模块，特别是在数字光纤通信中得到了广泛应用。但是它有调制带宽小、调制速率低(一般小于 10 GHz)等缺点，并且在幅度调制的同时存在频率啁啾效应，使得信号脉冲被拓宽，缩短了系统的最大可传输距离。特别地，严重的频率啁啾经过光纤色散作用后还会加剧系统噪声。

2. 器件位置及模型

首先点击主界面菜单栏中的“Resources”选项；然后选择下拉菜单中的“Module Library”以访问器件列表；在模块库中，点击“Optical”分类，并在其中选择“Laser AnalogDSM”器件。直调激光器模型如图 3-3 所示。

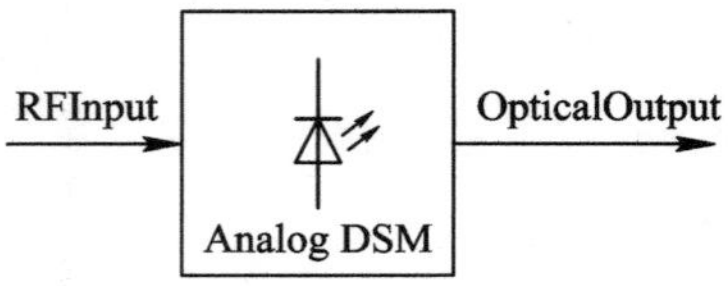

图 3-3　直调激光器模型

3. 仿真参数

直调激光器的仿真参数如图 3-4 所示。

Name:	Value		Unit	Type	👁
▾ 📁 General					
_f_ EmissionFrequency	193.1e12	✎	Hz	S	☐
_f_ RIN	-150.0	✎	dB/Hz	S	☐
_f_ RIN_MeasPower	0.05	✎	W	S	☐
_f_ Linewidth	1.0e6	✎	Hz	S	☐
_f_ Alpha	3.0	✎		S	☐
_f_ ThresholdCurrent	0.020	✎	A	S	☐
_f_ AdiabaticChirpFactor	10e9	✎	Hz/W	S	☐
_f_ SlopeEfficiency	0.3	✎	W/A	S	☐
_f_ OutputCouplingLoss	0.0	✎	dB	S	☐
_f_ DriverTransconducta...	1.0	✎	A/V	S	☐
_f_ LaserBias	0.050	✎	A	S	☐
_f_ SampleRate	SampleRateDefault	✎	Hz	S	☐
☰ PolarizFilter	NONE	▾ ✎		S	☐

图 3-4　直调激光器的参数设置

（1）频率（EmissionFrequency）：输出光信号频率（波长），通常为 193.1THz（1553.6 nm）。

（2）RIN 噪声（RIN）：相对强度噪声，取值范围为 $-140 \sim -180$，单位为 dB/Hz。

（3）RIN 测量功率（RIN_MeasPower）：测量 RIN 的功率。

（4）线宽（Linewidth）：激光器线宽，单位为 Hz。

（5）线宽展宽因子（Alpha）：亨利线宽增强系数，通常为 3。

（6）阈值电流（Threshold Current）：激光器开始工作时的电流，通常为 0.2A。

（7）啁啾系数（AdiabaticChirpFactor）：光学频率随光功率的增加量，取值通常为 10e9Hz/W。

（8）斜率效率（Slope Efficiency）：激光器 $P-I$ 曲线的斜率，通常为 0.3 W/A。

（9）输出耦合损耗（OutputCouplingLoss）：激光芯片和尾纤之间的耦合损耗，取值为 0。

（10）跨导（DriverTransconductance）：激光驱动器的跨导（A/V），取值通常为 1。

（11）偏置电流（LaserBias）：激光器的 RF 驱动的平均电平，取值通常为 0.05。

（12）采样率（SampleRate）：定义为每秒从连续信号中提取并组成离散信号的采样个数，单位为 Hz。

（13）偏振滤波器（PolarizFilter）：为噪声添加线性偏振滤波器。可选择 X 和 Y 两种偏振模式，一般定义为 NONE。

3.1.2　外部调制激光器

1. 器件特性

与直调激光器不同，外部调制激光器（简称外调激光器）只作为光源产生系统中所需要的光载波，而不进行调制使用。因此，除了提供工作点的偏置电流以外，外调激光器不需要输入额外的射频驱动电流。

由于外调激光器不作为电光调制使用，所以不存在射频信号直接调制激光的情况，可以认为外调激光器不存在啁啾现象，或者啁啾很小，甚至可以忽略[15]。因此，我们仅考虑其常规的相位噪声和相对强度噪声即可，激光信号的强度可以表示为

$$E_{EML}(t) = \begin{cases} \left[\sqrt{P_{th} + \dfrac{\eta_d h f_c}{e}(I_b - I_{th})} + E_{RIN}(t)\right] \times e^{j[\omega_c t + \Phi_0(t)]}, & I > I_{th} \\ \sqrt{P_{th}}, & I \leqslant I_{th} \end{cases} \quad (3-5)$$

其中，η_d 为激光器的外微分量子效率，表示激光器达到阈值后，输出光子数的增量与注入电子数的增量比；hf_c 为单个光子的能量，普朗克常量 $h = 6.628 \times 10^{-34}$ J·S，f_c 表示输出激光信号的频率。

与直调激光器相比，外调激光器具有输出光功率大、谱线窄、光谱纯净、无啁啾效应等优势，是目前长距离、高速率光通信系统的首选光源。

2. 器件位置及模型

首先点击主界面菜单栏中的"Resources"选项；然后选择下拉菜单中"Module Library"以访问器件列表；在模块库中，点击"Optical Sources"分类，并在其中选择"LaserCW_DSM"器件。外调激光器模型如图 3-5 所示。

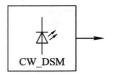

图 3-5　外调激光器模型图

3. 仿真参数

外调激光器仿真参数如图 3-6 所示。

Name:	Value		Unit	Type	👁
▼ 📁 Physical					
f SampleRate	SampleRateDefault	✎	Hz	S	☐
f EmissionFrequency	193.1e12	✎	Hz	S	☐
f AveragePower	40e-3	✎	W	S	☐
f SideModeSeparation	150e9	✎	Hz	S	☐
f SideModeSuppression...	30	✎	dB	S	☐
f Linewidth	1e3	✎	Hz	S	☐
f Azimuth	0	✎	deg	S	☐
f Ellipticity	0	✎	deg	S	☐
f InitialPhase	0	✎	deg	S	☐
f EmissionFrequencyDrift	1.0e9	✎	Hz/...	S	☐
f CaseTemperature	25	✎	degC	S	☐
f ReferenceTemperature	25	✎	degC	S	☐
f RIN	-180	✎	dB/Hz	S	☐
f RIN_MeasPower	10e-3	✎	W	S	☐
☰ IncludeRIN	ON	▼ ✎		S	☐
f NoiseBandwidth	1e12	✎	Hz	S	☐
f NoiseCenterFrequency	EmissionFrequency	✎	Hz	S	☐
☰ PolarizFilter	NONE	▼ ✎		S	☐
▼ 📁 Enhanced					
i RandomNumberSeed	0	✎		S	☐
f NoiseBinSpacing	0.2e12	✎	Hz	S	☐
☰ AddLogicalInfo	On	▼ ✎		S	☐
A ChannelLabel		✎		S	☐
☰ Active	On	▼ ✎		S	☐

图 3-6　外调激光器的仿真设置

（1）采样率（SampleRate）：每秒从连续信号中提取并组成离散信号的采样个数，单位为 Hz。

（2）频率（EmissionFrequency）：输出光信号频率（波长），通常为 193.1 THz（1553.6 nm）。

（3）平均功率（AveragePower）：输出平均功率，单位为 W。

（4）边模相对频率（SideModeSeparation）：边模相对主模的频率。

（5）边模抑制比（SideModeSuppressionRatio）：边模相对主模的功率差值。

（6）线宽（Linewidth）：激光器线宽，单位为 Hz。

（7）方位角（Azimuth）：激光偏振椭圆的方位角，一般为 0。

（8）椭圆度（Ellipticity）：激光偏振椭圆的椭圆度，一般为 0。

（9）初始相位（InitialPhase）：光载波波形的起始相位。

（10）频率偏移（EmissionFrequencyDrift）：相对于参考温度，每摄氏度改变发生的频率漂移，一般取值为 1e9Hz/℃。

（11）外壳温度（CaseTemperature）：一般取值为 25℃。

（12）参考温度（ReferenceTemperature）：一般取值为 25℃。

（13）RIN 噪声（RIN）：相对强度噪声，取值范围为 −140～−180，单位为 dB/Hz。

（14）RIN 测量功率（RIN_MeasPower）：测量 RIN 的功率。

（15）RIN 噪声开关（IncludeRIN）：是否开启 RIN 噪声，可选择 ON 或 OFF。

（16）噪声带宽（NoiseBandwidth）：RIN 噪声作为采样频带产生的总带宽。

（17）噪声中心频率（NoiseCenterFrequency）：噪声的中心频率，一般取值为激光器频率。

（18）偏振滤波器（PolarizFilter）：为噪声添加线性偏振滤波器。可选择 X 和 Y 两种偏振模式，一般定义为 NONE。

（19）随机数种子（RandomNumberSeed）：用于生成噪声的随机种子查找索引，值为零时使用自动唯一种子。

（20）噪声箱间距（NoiseBinSpacing）：表示 RIN 的噪声箱的间距，一般取值为 0.2e12。

（21）添加逻辑信息（AddLogicalInfo）：定义是否将生成频道标签。通道标签由 Channel Label 参数指定。如果 Channel Label 为空，则使用模块 ID。如果逻辑信息已启用（全局 Logical Information＝On），将创建具有指定通道标签的逻辑通道，并包含与指定通道相关的逻辑信息，可选择 On 或 Off，一般为 On。

（22）通道标签（ChannelLabel）：生成的逻辑通道的标签，一般为空。

（23）活动（Active）：定义模块是否处于活动状态，可选择 On 或 Off，一般为 On。

当设置激光器的频率为 193.1 THz，线宽为 10 MHz，RIN 为 −155 dB/Hz 时，激光器的输出光谱如图 3 - 7 所示。

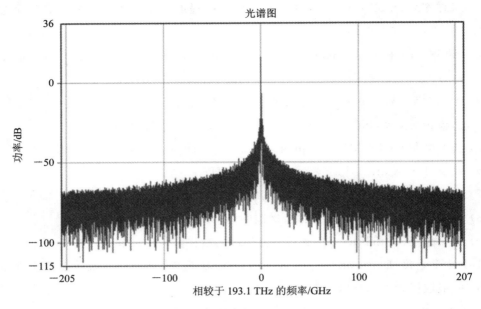

图 3－7　激光器的输出光谱图

3.2　调　制　器

　　电光调制是指利用电信号来调制激光信号的调制方法，其中，电信号携带调制信息，光信号作为载波。根据已调信号形式的不同，电光调制可以分为电光相位调制和电光强度调制两种。在相位调制信号频谱中，光电探测器的强度检测无法产生有用信号，因此相位调制通常用来配合相干检测。相比之下，强度调制-光电探测器直接检测方式更为简单，因此，大部分光纤通信系统使用强度调制-直接探测方式实现信号的调制解调。

3.2.1　相位调制器

1. 器件特性

　　相位调制器（Phase Modulator，PM）是最简单的铌酸锂调制器，在含有铌酸锂晶体的电极上施加电信号，即可通过电光效应改变材料的折射率，进而实现对光信号的相位调制[16-18]，其结构如图 3－8 所示。

图 3－8　PM 的结构示意图

　　假设输入的激光信号和调制电信号分别表示为

$$E_c(t) = E_c \exp(j\omega_c t) \tag{3-6}$$

$$V(t) = V_{RF} \cos(\omega_{RF} t) \tag{3-7}$$

式中，E_c 是输入激光信号的幅度；ω_c 是光信号的角频率；V_{RF} 是调制信号的幅度；ω_{RF} 是调制信号的角频率。

　　此时相位调制器的输出信号可以表示为

$$E_{PM}(t) = E_c(t)\exp(jm\cos(\omega_{RF}t) + j\varphi) \tag{3-8}$$

式中，φ 为激光信号在相位调制器内传输引入的固定相移；$m = \pi V_{RF}/V_\pi$ 为调制指数，V_π 为相位调制器的半波电压，描述器件的调制效率，V_π 越小，电光调制效率越高。实际中，大部分商用电光调制器的半波电压在 $1\sim7$ V 之间。

　　观察公式(3-8)可以发现，相位调制器的作用就是对输入的激光信号增加了一部分携带信号的相位项，而电光强度调制器则就是在相位调制器的基础上额外增加了一路相位调制，并通过设置合理的直流偏置点将相位调制转化成了强度调制。需要注意的是，相位调制器不需要直流偏置，也不会受到直流漂移的困扰。

2. 器件位置及模型

　　首先点击主界面菜单栏中的"Resources"选项；然后选择下拉菜单中的"Module Library"以访问器件列表；在模块库中，点击"Optical Modulators"分类，并在其中选择"ModulatorPM"器件。相位调制器模型如图3-9所示。

图 3-9　相位调制器模型

3. 仿真参数

　　相位调制器的参数如图 3-10 所示。

　　(1) 相位偏差(PhaseDeviation)：该值决定半波电压的大小，当取值为 $180°$ 时表示 PM 标准半波电压数值，半波电压与相位成反比关系。

　　(2) 通道索引(ChannelIndex)：在不同模拟运行或循环迭代中创建的逻辑通道可以通过其通道索引访问。这指定了与调制信号相关的逻辑信道的索引。索引按升序从 0 开始计数。负数表示按降序从最高索引(-1)开始，计数一般设为"-1"。

　　(3) 活动(Active)：定义模块是否处于活动状态，可以选择"On"或"Off"，一般为"On"。

Name:	Value		Unit	Type	👁
▼ 📁 Physical					
ƒ PhaseDeviation	180.0	✏	deg	S	☐
▼ 📁 Enhanced					
i ChannelIndex	-1	✏		S	☐
☷ Active	On	▾ ✏		S	☐

图 3-10　PM 参数设置图

3.2.2　马赫-增德尔调制器

1. 器件特性

　　马赫-增德尔调制器(Mach-Zehnder Modulator，MZM)是一种基于马赫-增德尔干涉仪(Mach-Zehnder Interferometer，MZI)结构的强度调制器，如图 3-11 所示。MZM 具有两条平行的光支路，每条支路材料的折射率都随外部施加的电信号变化，进而导致信号相位发生变化。当两个支路信号在制器输出端再次结合在一起时，合成的光信号将是一个强度大小变化的干涉信号，从而实现了光强度的调制。

实际中，根据所加电极的数量不同，MZM 具有单臂驱动和双臂驱动两种形式，相比前者而言，双臂驱动形式的 MZM 可以实现更为复杂的调制功能，应用更加广泛。除此之外，为了实现零啁啾、单边带调制等复杂功能，通常也需要适当调整其直流偏置电压。

单臂驱动的 MZM 的输出表达式为

$$E_{out}(t) = \frac{E_{in}(t)}{2}\left(1 + \exp\left[j\pi\frac{V_{upper}(t)}{V_\pi}\right]\right) \tag{3-9}$$

其中，V_π 为调制器的半波电压，反映了光载波在波导中传播的相位变化和电极电压的关系。

图 3-11 给出了简单的双臂驱动形式的 MZM 器件结构示意图。

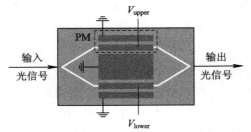

图 3-11 MZM 的结构示意图

假设 MZM 的输入考虑器件损耗，则 MZM 的输出表达式为

$$E_{MZM}(t) = E_c(t)\cos\left[\frac{\pi\left[V_{upper}(t) - V_{lower}(t)\right]}{2V_\pi}\right]e^{j\frac{\pi\left[V_{upper}(t) + V_{lower}(t)\right]}{2V_\pi}} \tag{3-10}$$

式中，$V_{upper}(t) = V_{RF1}\cos(\omega_{RF1}t) + V_{DC1}$、$V_{lower}(t) = V_{RF2}\cos(\omega_{RF2}t) + V_{DC2}$ 分别为调制器上、下两臂所加的调制信号。V_{RF1} 和 V_{RF2} 为所加射频信号的电压；ω_{RF1} 和 ω_{RF2} 为所加射频信号的角频率；V_{DC1} 和 V_{DC2} 为直流偏压，用来调整调制器的工作点；$V_{\pi,RF}$ 和 $V_{\pi,DC}$ 分别表示射频和直流半波电压。

观察式(3-10)，当 $V_{upper}(t) = V_{lower}(t)$ 时，输出信号为 $E_c(t)\exp(j\pi V_{upper}(t)/V_\pi)$，此时，信号幅度项为常数，相当于只进行了相位调制；当 $V_{upper}(t) = -V_{lower}(t)$ 时，输出信号为 $E_c(t)\cos[\pi V_{upper}(t)/V_\pi]$，仅存在幅度项，相当于仅仅实现了强度调制。在除此以外的其他情况下，MZM 可同时实现相位调制和强度调制。

实际中，通常令 $V_{upper}(t) = -V_{lower}(t) = V_{RF}\cos(\omega_{RF}t) + V_{DC}$，即 MZM 工作在推挽模式。可以发现，在固定射频信号调制的情况下，MZM 的输出光功率与直流偏置角呈余弦函数形式变化，如图 3-12 所示。

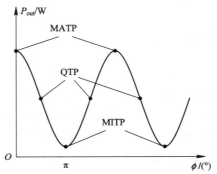

图 3-12 MZM 输出光功率与直流偏置角关系示意图

图 3-12 中所示曲线上的不同点表示了 MZM 不同的工作状态，这里标记出了 3 个典型工作点：$\phi=0°$ 定义为最大传输点（Maximum Transmission Point，MATP）；$\phi=90°$（或 270°）定义为正交传输点（Quadrature Transmission Point，QTP）或线性传输点；$\phi=180°$ 定义为最小传输点（Minimum Transmission Point，MITP）。当 MZM 在 MATP 处工作时，输出信号中的偶数阶分量和光载波较大，奇数阶分量最小；当 MZM 工作在 QTP 处时，输出信号中的奇、偶数阶分量都出现；当 MZM 工作在 MITP 处时，调制信号的奇数阶分量最大，光载波和偶数阶分量最小。需要注意的是，MZM 的工作点极其不稳定，容易被温度和振动等环境因素干扰产生直流偏移，进而影响 MZM 的实际工作状态。

目前，高速率的电光强度调制器已经在光通信领域中普及。众多国内外光电科技公司均已推出 40 Gb/s 电光强度调制器的进行商用，如法国的 iXblue（原 Photline）公司、美国的 Thorlab 公司和 Eospace 公司、英国的 Oclaro 公司、日本的 Fujitsu 公司和北京康冠公司等，其中，Fujitsu 公司和 Oclaro 公司在普通强度调制器的基础上，研发并推出了高达 100 Gb/s 的 I/Q 电光调制器[19]。

图 3-13 分别为 iXblue 公司和 Eospace 公司的 40 Gb/s 强度调制器。

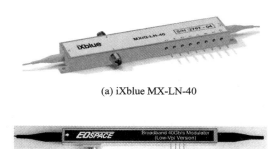

(a) iXblue MX-LN-40

(b) Eospace AX-0MVS-40

图 3-13　40 Gb/s 强度调制器

除单臂驱动 MZM 和双臂驱动 MZM 之外，目前还存在更为复杂、功能更为强大的集成化铌酸锂强度调制器用于商用，如 DPMZM、偏振复用马赫-增德尔调制器（Polarization Division Multiplexing Mach-Zehnder Modulator，PDM-MZM）和 PDM-DPMZM 等。

2. 器件位置及模型

首先点击主界面菜单栏中的"Resources"选项；然后选择下拉菜单中的"Module Library"以访问器件列表；在模块库中点击"Optical Modulators"分类，并在其中选择"ModulatorDiffMZ-DSM"器件。MZM 模型如图 3-14 所示。

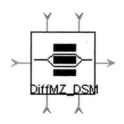

图 3-14　MZM 模型

3. 仿真参数

MZM 的仿真参数如图 3-15 所示。

Name:	Value		Unit	Ty...	👁
▼ 📁 Physical					
f VpiDC	3.5	✎	V	S	☐
f VpiRF	3.5	✎	V	S	☐
f InsertionLoss	5	✎	dB	S	☐
f ExtinctionRatio	35	✎	dB	S	☐
▤ LowerArmPhaseSense	NEGATIVE	▼ ✎		S	☐
f dVpiDC_dTemperature	0	✎	V/d...	S	☐
f dVpiRF_dTemperature	0	✎	V/d...	S	☐
f OperatingTemperature	25	✎	degC	S	☐
f ReferenceTemperature	25	✎	degC	S	☐
▤ S21_BandwidthResp...	Ideal	▼		S	☐
i DigitalFilterOrder	1024	✎		S	☐
▼ 📁 Enhanced					
▤ LogicalChannelRefere...	UpperRfElectrode	▼ ✎		S	☐
i ChannelIndex	-1	✎		S	☐
▤ Active	On	▼ ✎		S	☐

图 3-15 MZM 的仿真参数

（1）直流半波电压（VpiDC）：根据 MZM 不同的工作状态进行设置，取值范围为 1~15 V。

（2）射频半波电压（VpiRF）：取值范围为 1~15 V。

（3）插入损耗（InsertionLoss）：单位为 dB，取值范围为 3~7 dB。

（4）消光比（ExtinctionRatio）：衡量电光调制器阻断光输出能力的重要指标，定义为光调制器在通断状态的输出光强比，消光比越大，调制器性能越好，其取值范围≥20。

（5）下臂相位检测（LowerArmPhaseSense）：对于给定的施加电压，检测 MZM 的下臂中的相位变化是与上臂相同的符号（正），还是相反的符号（负），一般默认为负。调制器上下臂调制两个相同的射频信号，设置为负（Negative）时，为推挽模式；设置为正（Positive）时，上下臂为两个相位调制器；当上下臂调制两个不同的射频信号，设置为正（Positive）时，MZM 为 DDMZM。

（6）直流半波电压与温度关系（dVpi DC_dTemperature）：一般取 0。

（7）射频半波电压与温度关系（dVpi RF_dTemperature）：一般取 0。

（8）工作温度（OperatingTemperature）：工作时调制器温度一般取 25℃。

（9）参考温度（ReferenceTemperature）：一般取 25℃。

（10）S21_带宽响应（S21_Bandwidth Response）：定义 S21 光谱形状的类型。它可以是理想的，也可以从文件中读取，或者使用调制器特性计算，一般选择理想的。

（11）数字滤波器阶数（DigitalFilterOrder）：用于非周期模拟的 FIR 滤波器的阶数，一般设为 1024。

（12）逻辑通道参考（LogicalChannelReference）：指定用于逻辑信道信息的射频电输入，可选择 UpperRfElectrode 或 LowerRfElectrode，一般设为 UpperRfElectrode。

（13）通道索引（ChannelIndex）：在不同模拟运行或循环迭代中创建的逻辑通道可以通过其通道索引访问。这指定了与调制信号相关的逻辑信道的索引。索引按升序从 0 开始计数，负数表示按降序从最高索引（-1）开始计数，一般设为-1。

（14）活动（Active）：定义模块是否处于活动状态，可选择 ON 或 OFF，一般为 ON。

MZM 上、下路射频线和直流线要分别连接在一起，这是因为 MZM 工作模式已经设置在推挽模式，上下两路相位相差 180°，所以需将其相连接才符合该工作模式的原理。

根据上述仿真参数设置要求，将激光器的波长设置为 1551.8 nm；输出光功率为 10 dBm；调制器的插损设置为 5 dB；消光比为 35，半波电压为 3.5 V；输入调制器的射频信号频率设置为 5 GHz；功率为 10 dBm。分别改变输入调制器的直流偏置电压、射频信号相位差等参数，MZM 可以在不同的工作点工作，以满足信号调制需求，图 3 - 16、图 3 - 17 和图 3 - 18 依次为 MZM 的 3 个典型工作点处的输出光谱示意图。

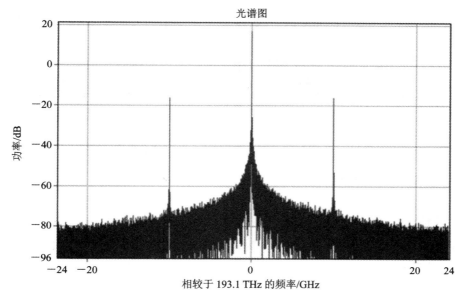

图 3 - 16　MZM 工作在最大点时的输出光谱图

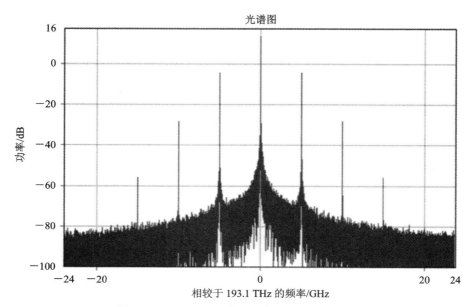

图 3 - 17　MZM 工作在正交点时的输出光谱图

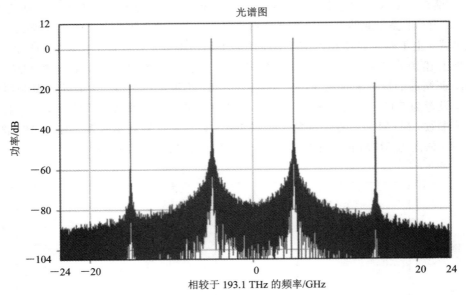

图 3 - 18　MZM 工作在最小点时的输出光谱图

3.2.3　双驱动马增调制器

1. 器件特性

　　DDMZM 由两个并联的 PM 组成，即为双驱动马增调制器。不同于一般相位调制器的是，这两个 PM 上各有两个电端口，一个端口输入 RF 信号，另一个输入直流信号。通常输入两个不同的 RF 信号，并将一个直流信号设为 0V，通过控制另外一个直流信号的电压值，就能够控制两个直流的差值。当直流差值等于 DDMZM 的半波电压时，MZM 工作在最小传输点。当 DDMZM 工作在最小传输点时，输出信号只包含奇数阶边带，偶数阶边带被抑制了，从而实现了抑制偶数阶保留奇数阶的调制。当 RF 信号为小信号的时候，三阶及以上边带被忽略，只保留正一阶和负一阶边带，这种调制方式称为抑制载波双边带调制。

　　当直流差值等于 0 时，MZM 工作在最大传输点，此时输出信号只包含偶数阶边带，奇数阶边带被抑制了，此时 DDMZM 实现的是抑制奇数阶保留偶数阶调制方式。这种调制方式在高倍频毫米波信号产生技术中应用得十分广泛。

2. 器件位置

　　首先点击主界面菜单栏中的"Resources"选项；然后选择下拉菜单中的"Module Library"以访问器件列表；在模块库中点击"Optical Modulators"分类，并在其中选择"ModulatorDiffMZ_DSM"器件。DDMZM 的模型如图 3 - 19 所示。

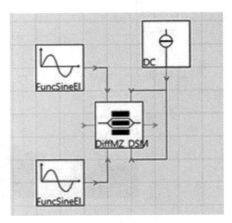

图 3 - 19　DDMZM 的模型

3.2.4 双平行马增调制器

1. 器件特性

典型的双臂 DPMZM 结构如图 3-20 所示，单驱动 DPMZM 具有两个射频输入口，而双驱动 DPMZM 具有 4 个射频输入口和 3 个直流输入口。器件主要由两个子 MZM(MZM-1 和 MZM-2)和一个主 MZM 组成，主 MZM 的两条臂上分别嵌入 MZM-1 和 MZM-2[20-25]。激光信号输入 DPMZM 以后被第一个 Y 型分支器等分成两路，作为光载波分别输入 MZM-1 和 MZM-2 中被调制信号调制。除此之外，主 MZM 的一个臂上存在调制电极，用来加载直流信号调整该臂输出信号的相位。最终，两条臂上的输出信号在第二个 Y 型分支器处耦合输出。需要注意的是，DPMZM 的每个子 MZM 都工作在强度调制状态。

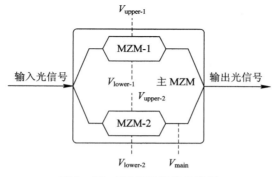

图 3-20 DPMZM 结构示意图

常规的 DPMZM 具有两个独立射频输入口，即内置 MZM 均为工作在推挽模式的双臂结构，该类型的调制器在实际中更常用，接下来简单介绍双射频口 DPMZM 的工作原理。

假如 $V_{DC1}/2$ 和 $V_{DC2}/2$ 分别为输入 DPMZM 的直流偏压，DPMZM 的输出表达式为

$$E_{DPMZM}(t) = \frac{E_c(t)}{2}\left\{\cos\left[m_{RF1}\cos(\omega_{RF1}t) + \frac{\pi V_{DC1}}{2V_\pi}\right] + \right.$$

$$\left.\cos\left[m_{RF2}\cos(\omega_{RF2}t) + \frac{\pi V_{DC2}}{2V_\pi}\right]\exp\left(j\frac{\pi V_{DC3}}{V_\pi}\right)\right\} \qquad (3-11)$$

其中，$m_{RFi} = \pi V_{RFi}/V_\pi (i=1,2)$ 分别为 MZM-1、MZM-2 与主调制器的调制指数；V_{DC3} 为主 MZM 上的直流偏置电压。如果设置两个子 MZM 均偏置在 MITP($V_{DC1}=V_\pi$，$V_{DC2}=-V_\pi$)，主 MZM 偏置在 QTP($V_{DC3}=V_\pi/2$)，则上式可以化简为

$$E_{DPMZM}(t) = \frac{E_c(t)}{2}\left\{-\sin\left[m_{RF1}\cos(\omega_{RF1}t)\right] + \right.$$

$$\left.\sin\left[m_{RF2}\cos(\omega_{RF2}t)\right]\exp\left(j\frac{\pi}{2}\right)\right\} \qquad (3-12)$$

观察式(3-11)可以发现，频率分别 ω_{RF1} 和 ω_{RF2} 的两路输入信号被调制在一堆相差为 90°的正交光载波上，实现了正交调制。因此，DPMZM 也常被称为 I/Q 调制器。

图 3-21(a)和(b)分别为 iXblue 公司和 Fujitsu 公司的 40 Gb/s I/Q 强度调制器。

(a) iXblue MXIQ-LN-40　　　　　(b) Fujitsu FTM7962EP

图 3-21　I/Q 强度调制器

通常，可以借助 DPMZM 实现高倍频因子的倍频系统、在光域实现数字通信中常用的正交调制[26]、抑制载波单边带调制[27]等。

2. 器件位置

首先点击主界面菜单栏中的"Resources"选项。随后，选择下拉菜单中的"Module Library"以访问器件列表。在模块库中，点击"Optical Modulators"分类，并在其中选择"ModulatorDiffMZ_DSM"器件；再点击"Passive Components"分类，并在其中选择"Modulator DiffMZ_DSM"器件；再点击"Passive Components"分类，并在其中选择"Splitter Pow_1_N"和"Delay Signal"器件；最后点击"Electrical Sources"分类，并在其中选择"Func SineE1"和"DC Source"器件。

其中，光相移使用"DelaySignal"来实现，符号为"τ"，该器件可以通过加入信号波形的时移来实现光或电信号的传播延时，对于光信号延迟引起任意恒定的相移。

图 3-22 展示了在 VPI 软件中搭建的双平行马增调制器模型，其组件具体位置参见上述路径。

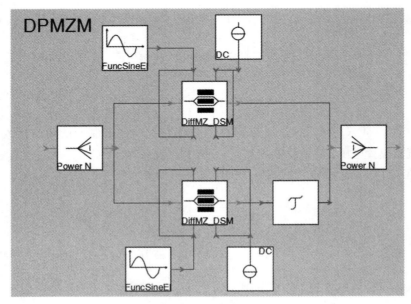

图 3-22　DPMZM 的模型

3.2.5　偏振复用马增调制器

1. 器件特性

为了进一步提高光纤通信系统的传输容量和实际频率利用率，人们将目光转向了不同类型的复用技术，如时分复用（Time Division Multiplexing，TDM）、波分复用（Wavelength Division Multiplexing，WDM）和偏振复用（Polarization Division Multiplexing，PDM）技术等。其中，研究人员以早期无线通信以及卫星通信中使用的过极化波复用技术为基础，结合光纤的传输原理，将极化波复用引入光纤通信系统，并称之为偏振复用。

偏振复用技术是指利用光的两个正交偏振态分别作为载波携带调制信号，并在光纤中进行传输。由于在光纤传输过程中，每个偏振态都是独立的信道，所以使得光纤的信息传输能力提高一倍且不需要增加额外的频带资源。偏振复用技术目前在高速光通信系统中的信息处理领域具有广泛应用[28]。

PDM-MZM 是以 MZM 为基础，采用偏振复用技术的一种集成化电光调制器，它具有两个射频输入口和两个直流输入口，如图 3-23 所示。PDM-MZM 由两个独立的 MZM（MZM-X 和 MZM-Y）、一个偏振旋转器（Polarization Rotator，PR）和一个偏振合束器（Polarizing Beam Combiner，PBC）构成。激光信号输入 PDM-MZM 后，被 Y 型分支器分为功率相等的两路，分别输入 MZM-X 和 MZM-Y 中进行强度调制，其中，MZM-Y 的输出信号经过 PR 进行 90°的偏振态旋转后，与 MZM-X 的输出信号偏振态正交。最终，两路信号经 PBC 耦合为一路输出，该输出信号为偏振复用信号，同时包含两个正交偏振态。图中 V_{main} 指加载在主调制器上的偏置电压。

图 3-23 给出了双射频口的 PDM-MZM 结构。与 DPMZM 相同，实际中双臂驱动的推挽模式更为常用，接下来也以该形式为例给出具体的工作原理。

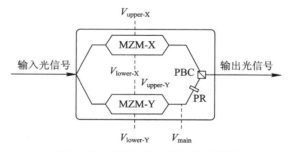

图 3-23　PDM-MZM 的结构示意图

PDM-MZM 的输出表达式为如下：

$$
\begin{aligned}
E_{\text{PDM-MZM}}(t) &= \begin{bmatrix} E_{\text{MZM-X}}(t) \cdot \boldsymbol{e}_{\text{TE}} \\ E_{\text{MZM-Y}}(t) \cdot \boldsymbol{e}_{\text{TM}} \end{bmatrix} \\
&= \frac{E_c(t)}{2} \begin{bmatrix} \cos\left[m_{\text{RF1}} \cos(\omega_{\text{RF1}} t) + \dfrac{\pi V_{\text{DC1}}}{2V_\pi} \right] \cdot \boldsymbol{e}_{\text{TE}} \\ \cos\left[m_{\text{RF2}} \cos(\omega_{\text{RF2}} t) + \dfrac{\pi V_{\text{DC2}}}{2V_\pi} \right] \cdot \boldsymbol{e}_{\text{TM}} \end{bmatrix}
\end{aligned} \tag{3-13}
$$

式中，$\boldsymbol{e}_{\text{TE}}$ 和 $\boldsymbol{e}_{\text{TM}}$ 是两个相互正交的单位矢量。

在系统中，偏振复用调制器通常配合偏振光分束器（Polarizing Beam Splitter，PBS）、起偏器（Polarizer）和 BPD 使用。PDM-MZM 可以用来实现信号的多路变频[29]、镜像抑制[30]和光频梳[31]产生等多种功能。

2. 器件位置

首先点击主界面菜单栏中的"Resources"选项；然后选择下拉菜单中的"Module Library"以访问器件列表；在模块库中，点击"Optical Modulators"分类，并在其中选择"Modulator DiffMZ_DSM"器件；再点击"Passive Components"分类，并在其中选择"SplitterPow_1_N"器件；点击"Electrical Sources"分类，并选择"FuncSine El"和"DC Source"器件；最终点击"Polarization Components"分类，并在其中选择"RotatePol"和"CombinerPol"器件。

图 3-24 展示了 VPI 软件中搭建的 PDM-MZM 模型，其组件具体位置请参见上述路径。

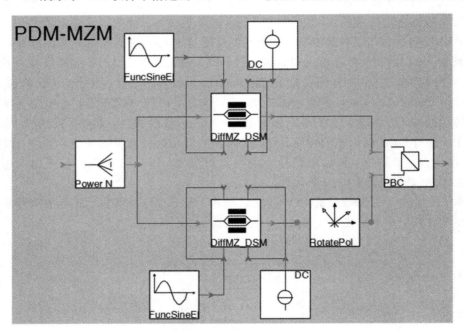

图 3-24　PDM-MZM 的模型

3.2.6　偏振复用-双平行马增调制器

1. 器件特性

PDM-DPMZM 是一种更复杂的强度调制器，它同时结合了 DPMZM 和 PDM-MZM 两种结构的特点，具有四个射频输入口和六个直流输入口[32-36]。如图 3-25 所示，PDM-DPMZM 主要由两个 DPMZM（DPMZM-X 和 DPMZM-Y）、一个 PR 和一个 PBC 构成。与 PDM-MZM 的工作原理相同，输入 PDM-DPMZM 的光信号被等分为两路，分别输入 DPMZM-X 和 DPMZM-Y 作为光载波被射频信号调制。其中，DPMZM-Y 的输出信号经过 PR 进行 90°的偏振态旋转，与 DPMZM-X 的输出信号偏振态正交。最终，两路输出信号经过 PBC 耦合为一路偏振复用信号输出。

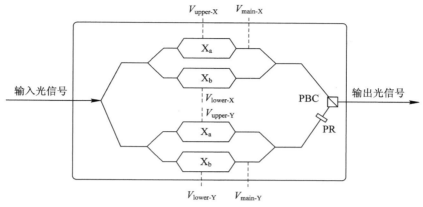

图 3 - 25 PDM-DPMZM 的结构示意图

同样地,PDM-DPMZM 也能实现相位编码[37]、光生毫米波倍频[38]、I/Q 变频[39]、线性度优化[40]等多种功能。

2. 器件位置

首先点击主界面菜单栏中的"Resources"选项,然后选择下拉菜单中的"Module Library"以访问器件列表;在模块库中,点击"Optical Modulators"分类,并在其中选择"ModulatorDiffMZ_DSM"器件;再点击"Passive Components"分类,并在其中选择"SplitterPow_1_N"和"DelaySignal"器件;点击"Electrical Sources"分类,并在其中选择"FuncSineEl"和"DC Source"器件;最终点击"Polarization Components"分类,并在其中选择"RotatePol"和"CombinerPol"器件。

图 3 - 26 展示了在 VPI 软件中搭建的 PDM-DPMZM 模型,其组件具体位置参见上述路径。

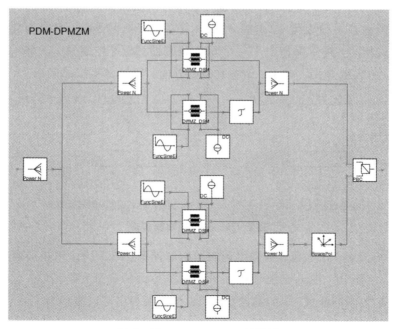

图 3 - 26 PDM-DPMZM 的模型

3.2.7　偏振调制器

传统的相位调制器只支持一个模式的相位调制，偏振调制器（Polarization Modulator，PPolM）是一种特殊的相位调制器，它同时支持 TE 模式与 TM 模式的相位调制[41-43]，且两种模式的相位调制具有相反的调制指数（Modulation Idex，MI）。

如图 3-27 所示，PolM 具有一对偏振互相正交的主轴（x 和 y），输入 PolM 的光信号在两个主轴上的分量分别被输入电信号调制，且 MI 相反。假设输入光信号其偏振方向与 PolM 的 x 轴的夹角为 α，输入电信号如式（3-2）所表达，则 PolM 的输出光信号可以表达为

$$\begin{bmatrix} E_x(t) \\ E_y(t) \end{bmatrix} = \begin{bmatrix} \cos\alpha E_c \exp(\mathrm{j}\omega_c t + \mathrm{j}m\cos(\omega_{\mathrm{RF}}t)) \\ \sin\alpha E_c \exp(\mathrm{j}\omega_c t + \mathrm{j}m\cos(\omega_{\mathrm{RF}}t)) \end{bmatrix} \quad (3-14)$$

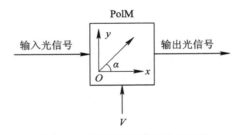

图 3-27　偏振调制器基本原理图

偏振调制器具有很强的灵活性，可以作为等效相位调制器或者等效强度调制器。由式（3-14）可以看出，当 $\alpha=0°$ 或 $\alpha=90°$ 时（输入光信号的偏振方向与 x 轴或 y 轴重合时），输出光信号的 y 分量或 x 分量为 0。这时，PolM 只在一个偏振方向上有输出且与相位调制器的输出表达形式相同，其作用相当于一个相位调制器。为了控制输入光信号的偏振方向，需在光信号输入 PolM 前用一个 PC 调整其偏振方向，如图 3-28(a)所示。

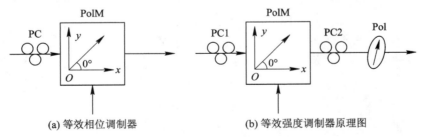

(a) 等效相位调制器　　　　　　　　　(b) 等效强度调制器原理图

图 3-28　偏振调制器实现

图 3-28(b)为 PolM 实现等效强度调制器的原理图。PC1 的作用是控制输入光信号的偏振方向，当 $\alpha=45°$ 时，输入光信号在 x 方向与 y 方向的分量大小相等，这时如果加入一个主轴方向与 x 方向同样成 $45°$ 的起偏器，则起偏器的输出可以表达为

$$E_{\mathrm{out}}(t) = \frac{1}{2}\exp(\mathrm{j}\omega_c t + \mathrm{j}m\cos(\omega_{\mathrm{RF}}t)) + \frac{1}{2}\exp(\mathrm{j}\omega_c t - \mathrm{j}m\cos(\omega_{\mathrm{RF}}t) + \mathrm{j}\delta) \quad (3-15)$$

其中，δ 为 PC2 对两个偏振方向引入的静态相位差。可以看出，式(3-15)类似于一个强度调制器输出的表达式，这样，PolM 实际可以等效为一个强度调制器。与 MZM 和 DPMZM 不同的是，PolM 不受直流偏置漂移的影响，具有更加稳定的工作性能。由于 PolM 可以替代相位调制器和强度调制器，同时其两个偏振方向可以通过偏振相关器件分离，其本身也具有极大的灵活性，因此，它在微波光子学的各个方面都具有极大的应用前景。

3.3 光 电 探 测 器

光电探测器是一类关键的光电转换器件，能够将光信号转换为电信号。光电平衡探测器则是一种特殊类型的光电探测器，具有更高的灵敏度和更广的频率范围，可在微弱光信号和背景光强干扰下实现精确的信号检测与测量。这两种探测器在光通信、光谱分析、光学测量等领域发挥着重要作用，为光学系统的性能提升和应用拓展提供了关键支持。

3.3.1 光电探测器概述

1. 器件特性

光电探测器是光通信中重要的接收部件，它的作用是对各种接收到的光信号进行检测，并将接收到的光信号转换为电信号(电流或电压)，用作其他设备或通信网络的输入，其物理基础是光电效应[44]。

光电效应是指在高于某特定频率的电磁波照射下，某些物质内部的电子会被光子激发出来而形成电流，即引起物质的电学性质发生改变的现象(光变致电现象)。

目前常用的半导体光电探测器有两种[45]：PIN 光电二极管(Photodiode，PD)和雪崩光电二极管(Avalanche Photodiode，APD)。

1) PIN 光电二极管

如图 3-29 所示，在 PN 结中间掺入一层浓度很低的 I 型半导体，就可以增大耗尽区的宽度，达到减小扩散运动的影响，提高响应速度的目的。由于这一掺入层的掺杂浓度低，近乎本征(Intrinsic)半导体，故称 I 层，这种结构被称为 PIN 光电二极管[46]。在 I 层的两侧分别是浓度很高的 P 型半导体和 N 型半导体，由于这两层浓度很高，所以很薄，可以吸入的

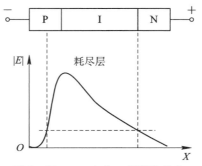

图 3-29 PIN 光电二极管的结构

入射光也自然较少。层本征半导体浓度很低，但相对较厚，所以几乎占据了整个耗尽区的空间。大部分入射光透过 P 层或 N 层直接被 I 层吸收，并迅速产生大量的电子，从而很快将光能转化成电能。

PIN 光电二极管的优点是响应速度快、响应度高、工作频率高（高达 100 GHz）、频带宽、所需工作电压低、工作状态相对稳定。

2）雪崩光电二极管

如图 3-30 所示，雪崩光电二极管[47]（APD）是当二极管 PN 结上加上足够强的反向电压时，耗尽区存在一个很强的场，足够使强电场飘移的光生载流子获得充分的动能来通过晶格原子碰撞产生新的载流子，新的载流子再次碰撞形成更多载流子，这样就实现了雪崩式的载流子倍增，但这同时也会造成噪声的放大。

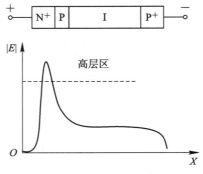

图 3-30　雪崩光电二极管的结构

雪崩光电二极管是具有内部增益光电探测器，其灵敏度比 PIN 光电二极管高得多，解决了 PIN 光电二极管灵敏度低的问题，在高速调制微弱信号检测时其优点便更加明显，但由于其增益效益，信号中的噪声也会同时被放大，且其增益系数受温度影响，必要时还需采用温度补偿措施。较之 APD，PIN 光电二极管对温度不敏感，适用场合受限制较少[48]，所以绝大多数系统均采用 PIN 光电二极管，但在信号损耗过大、光信号过于微弱或长距离传输等条件下，采用 APD 就很有必要。

光电探测器是一种常见的半导体光电子器件，在光纤通信系统中用作光电解调。其基本原理是光电效应，作用是对接收到的已调光信号进行包络检测，最终恢复出原始调制电信号。响应度高、响应速度快、噪声低和线性度好是对光电探测器使用时的基本要求。

根据器件特性，可得光电探测器输出光电流的表达式为

$$I_{PD}(t)=\frac{\eta e}{h\nu}P_{in,PD}(t) \qquad (3-16)$$

其中，η 为光电探测器的响应度，单位为 A/W，表示探测器光电转换效率；e 表示输入光子数量，h 表示普朗克常数，ν 表示光子频率，$P_{in,PD}$ 表示输入光功率。光电探测器对入射功率的响应量是光电流，因此，一个光电探测器可以视为一个电流源。

2. 仿真参数

光电探测器仿真参数如图 3-31 所示。

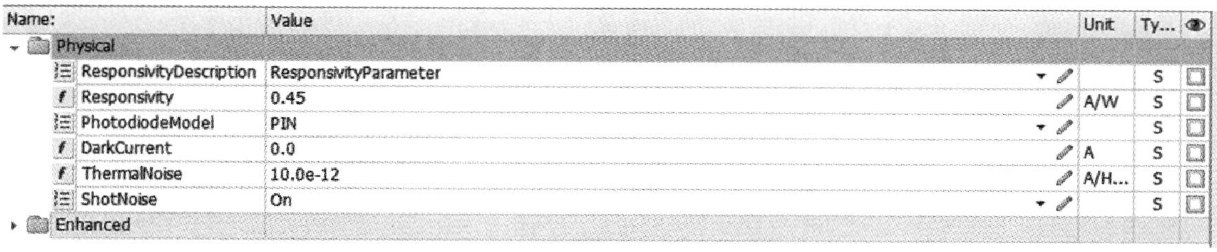

Name:	Value		Unit	Ty...	👁
▾ 📁 Physical					
⋮≡ ResponsivityDescription	ResponsivityParameter	▾ ✎		S	☐
f Responsivity	0.45	✎	A/W	S	☐
⋮≡ PhotodiodeModel	PIN	▾ ✎		S	☐
f DarkCurrent	0.0	✎	A	S	☐
f ThermalNoise	10.0e-12	✎	A/H...	S	☐
⋮≡ ShotNoise	On	▾ ✎		S	☐
▸ 📁 Enhanced					

图 3 - 31　光电二极管的参数设置

（1）响应特性描述（ResponsivityDescription）：定义如何指定光电二极管响应度，可以设置为响应度参数（ResponsivityParameter）或响应度文件（ResponsivityFile）设置为后者时从文件中读取频率相关响应。

（2）响应度（Responsivity）：光电导模式下产生的光电流与突发光照的比例，单位为安培/瓦特（A/W），取值范围[0，1]。

（3）光电二极管模型（PhotodiodeModel）：定义应使用的光电二极管型号，可以设置为PIN、APD、RC_PIN 和 RC_APD。

（4）暗电流（DarkCurrent）：光电二极管在无光照和最高工作电压条件下的反向漏电流，该值越小，检测弱光的能力越强。单位为安培（A）。

（5）热噪声（ThermalNoise）：来源于电阻内部的自由电子或电荷载流子的不规则热运动的噪声。

（6）散粒噪声（ShotNoise）：由形成电流的载流子的分散性造成的噪声，是由光的本质（粒子性）决定的。

（7）加入信号带（JoinSignalBands）：为了包括所有串扰效应，应在光电检测之前将多个信号带（MFB）连接到单个信号带，使用 Yes。然而，对于 CWDM 系统，这会导致不合理的内存消耗，因此使用 No。

（8）随机数字私钥（RandomNumberSeed）：噪声生成的随机查找索引的私钥。

3. 特性仿真和分析

1）器件位置

首先点击主界面菜单栏中的"Resources"选项；然后选择下拉菜单中的"Module Library"访问器件列表；在模块库中点击"Receivers"分类，并在其中选择"Photodiode"器件。光电探测器的模型如图 3 - 32 所示。

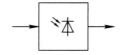

图 3 - 32　光电探测器的模型

2）仿真及参数设置

当电探测器（PD）特性仿真如图 3 - 33 所示，参数设置如表 3 - 1 所示。

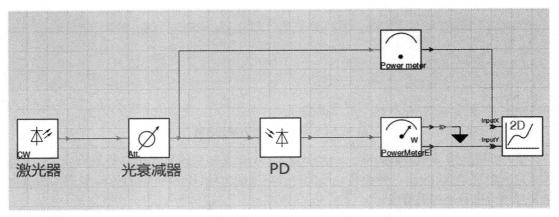

图 3-33　PD 特性仿真示意图

表 3-1　参　数　设　置

器件	参　　　数
激光器	波长：1551.8 nm；功率：10 dBm；RIN：-160 dBc/Hz
PD	响应度：0.45 A/W

3）仿真结果

通过调节光衰减器的衰减（从 0 dBm 到 40 dBm）来控制输入光功率的改变，从而改变 PD 的输出电功率，仿真结果如图 3-34 所示。

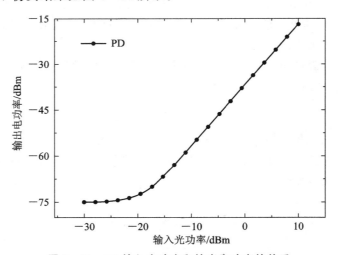

图 3-34　PD 输入光功率和输出电功率的关系

通过仿真 PD 的特性曲线，测得斜率为 2，即当入射光功率较小时，达不到产生光生电荷的要求，输出光电流非常小，可以忽略不计；当入射光功率逐渐增加时，在一定范围内，PD 输出电功率与输入光功率的平方成正比，该范围即为工作线性区域。

3.3.2　光电平衡探测器

1. 器件特性

除了常规的光电探测器之外，光电平衡探测器[49]（Balanced Photodetector，BPD）也是光纤通信系统中常用的探测器件。它采用两个特性完全接近的光电探测器实现光电转换，在其中一路光电探测器上加延迟线，调整相位反偏，同时在后端使用差分放大器放大输出，放大差模信号，抑制共模信号。它相比于单个光电探测器的优势是：一方面消除了信号中的直流分量，便于信号处理；另一方面交流分量的幅值比单个光电探测器输出电流幅值提高了一倍；除此之外，由于其大幅度抑制共模噪声，因此还可以提高输出信号的信噪比[50]。

2. 特性仿真与分析

1）器件模型

BPD 在 VPI 中没有现成的器件模型，所以常常用两个 PD 搭建而成，如图 3-35 所示。

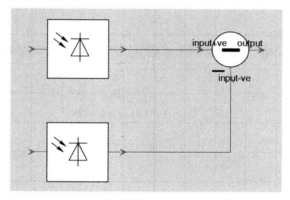

图 3-35　光电平衡探测器的模型

2）仿真及参数设置

光电平衡器（BPD）特性仿真如图 3-36 所示，参数设置如表 3-2 所示。

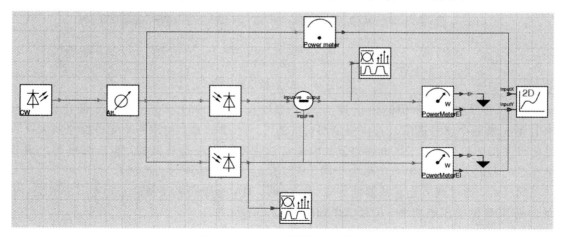

图 3-36　BPD 特性仿真示意图

表 3 - 2　参 数 设 置

器件	参　　　数
激光器	波长：1551.8 nm；功率：10 dBm；RIN：−160 dBc/Hz
PD	响应度：0.45A/W

3）仿真结果

BPD 的输出频谱图如图 3 - 37 所示，单个 PD 的输出频谱图如图 3 - 38 所示。

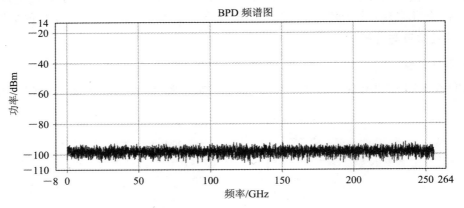

图 3 - 37　BPD 的输出频谱图

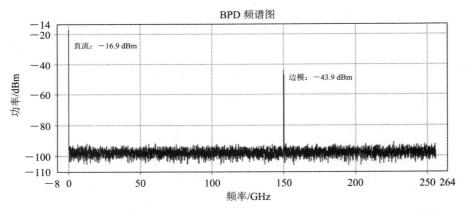

图 3 - 38　PD 的输出频谱图

可见，PD 的频谱图中间段出现的 150 GHz 信号是 1551.8 nm 激光器的边模分量，BPD 的频谱图中该分量以及直流分量都被抵消了。在 BPD 中，使用两个光电探测器来接收光信号和参考信号，由于光电探测器的响应特性和噪声水平是相似的，直流分量和边模分量在激光器的光信号和参考信号中相同，所以在进行差分运算时会被消除。

同样地，通过调节光衰减器的衰减（从 0 dBm 到 40 dBm）来控制输入光功率的改变，从而改变 BPD 的输出电功率，仿真结果如图 3 - 39 所示。

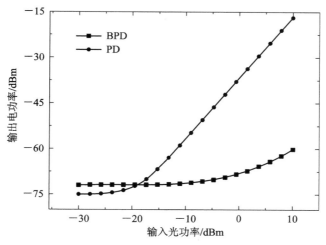

图 3 - 39　BPD 和 PD 的输入光功率和输出电功率的关系

当入射光功率较小时，达不到产生光生电荷的要求，PD 输出的光电流非常小，可以忽略不计；当入射光功率逐渐增加时，在一定范围内，PD 输出电功率与输入光功率的平方成正比，是一条斜率为 2 的直线。BPD 的特性曲线近似是一条直线，输入信号光功率基本被完全利用，提高了光的有效利用率并且抵消掉很大一部分噪声，而后半段有一定的抬高是因为噪声没有被完全抑制。

3.4　光　　纤

光纤是光导纤维（Optical Fiber，OF）的简称，是一种由玻璃或塑料制成的纤维，它可作为光传导工具，其传输原理是光的全反射[51]，基本构造示意图和实体图如图 3 - 40 所示。

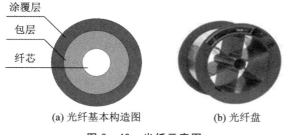

(a) 光纤基本构造图　　　　　　(b) 光纤盘

图 3 - 40　光纤示意图

依据光纤内传输光信号模式的数量不同，将其分为单模光纤（Single-Mode Fiber，SMF）和多模光纤（Multi-Mode Fiber，MMF）两种。随着通信领域技术的发展，多模光纤逐渐朝着单模光纤过渡，目前的实际应用中也以单模光纤居多。

3.4.1 单模光纤

1. 器件特性

当纤芯直径较小时(芯径一般为 9 μm 或 10 μm),只有一个角度入射的光在光纤中传输,这种光纤称为单模光纤(SMF)。单模光纤的传输损耗、传输色散都比较小。传输损耗小可以使得信号在光纤中传输的距离更远一些;传输色散小有利于高速大容量的数据传输,因此在通信系统中,特别是大容量的通信系统中,多数使用单模光纤[52]。

由于所用材料、加工工艺和外界因素的影响,光纤中传输的信号的光功率会随着传输距离的增加呈指数形式衰减,因此,光纤的损耗在很大程度上决定了系统的传输距离。衰耗系数的定义为每公里光纤对光功率信号的衰减值,其表达式为

$$\alpha_{SMF} = \frac{10}{L} \lg \frac{P_i}{P_o} \qquad (3-17)$$

其中,L 为光纤长度(km);P_i 为输入光功率值(W);P_o 为输出光功率值(W)。

一般情况下,可以将产生光纤损耗的原因概括为两类,一类是光纤本身的传输损耗,如吸收损耗(本征吸收、杂质吸收、原子缺陷吸收)、散射损耗(线性散射损耗和非线性散射损耗)等;另一类是光纤实际使用时引起的传输损耗,如弯曲损耗(宏弯和微弯)、连接损耗(固定和活动)等。在理论分析中,人们更多的是考虑光纤本身的传输损耗。

色散是指由于材料对不同频率的信号分量具有不同的折射率,其在光纤中以不同的传播速度传输,因此最终到达光纤终端的时间存在差别,造成的脉冲展宽或线宽拓宽效应[53]。

光纤的色散分为三部分,即模式色散、材料色散与波导色散。因为单模光纤实现了单模传输,所以不存在模式色散的问题,故其色散主要表现为材料色散与波导色散,它们统称模内色散。模内色散(色度色散)是指单一模式下的脉冲展宽,它限制了光纤的传输容量和光信号的传输距离。我们都知道光源的输出是有一定谱宽的,通常发光二极管的谱宽约在 36 nm,多模激光器约为 1~2 nm,单模激光器约在 10^{-4} nm 量级。而群速度是波长的函数,也就是说不同的波长光纤会引入不同的时延(或相移),最终会导致信号的畸变[54]。模内色散的产生有两种原因:其一是由于纤芯的折射率与波长相关,不同波长的光即便在同一条路径上传输,也会发生脉冲展宽;其二是因为通常情况下,仅有部分光位于纤芯内部,由于包层和纤芯的折射率差异导致不同波长的光到达光纤末端的时间不同,也就发生了脉冲展宽,长波长的光影响尤为严重。色散系数可以通过下式来表示:

$$D(\lambda) = \frac{1}{L} \frac{d_\tau}{d_\lambda} \qquad (3-18)$$

其中,色散系数 $D(\lambda)$ 标准单位为 ps/(nm·km),τ 是单模光纤单位长度的群时延,L 为光的传播长度,d_τ/d_λ 是群时延随波长变化的倒数,由此可以计算出脉冲展宽。

$$\sigma = D(\lambda) L \sigma_\lambda \qquad (3-19)$$

其中,σ_λ 为波长为 λ 的光源的半功率线宽。

需要注意的是,单模光纤中的模内色散不仅会造成脉冲展宽,在 RoF 链路中,它同样会导致严重的功率周期性衰落现象,这个在之后的章节进行仿真。

单模光纤的传递函数为

$$H_{\mathrm{SMF}}[\alpha_{\mathrm{SMF}},L,D(\lambda),\lambda_{\mathrm{c}},f_{\mathrm{RF}}]=\frac{1}{\sqrt{\alpha_{\mathrm{SMF}}L}}e^{j\frac{\pi D(\lambda)\lambda_{\mathrm{c}}^{2}f_{\mathrm{RF}}^{2}L}{c}} \tag{3-20}$$

其中，$D(\lambda)\approx15\sim17\ \mathrm{ps/(nm\cdot km)}$；$\alpha_{\mathrm{SMF}}$ 为单模光纤损耗；λ_{c} 为光载波的中心波长；f_{RF} 为射频调制信号的中心；c 为真空中光速。

2. 仿真参数

光纤仿真的参数如图 3 - 41 所示。

Name:	Value		Unit	Type	👁
▾ 📁 Physical					
f ReferenceFrequency	193.1e12	✎	Hz	S	☐
f Length	2.0e4	✎	m	S	☐
f GroupRefractiveIndex	1.47	✎		S	☐
f Attenuation	0.2e-3	✎	dB/m	S	☐
☰ AttFileName		··· ✎		S	☐
f Dispersion	16e-6	✎	s/m^2	S	☐
f DispersionSlope	0.08e3	✎	s/m^3	S	☐
f NonLinearIndex	2.6e-20	✎	m^2/W	S	☐
f CoreArea	80.0e-12	✎	m^2	S	☐
f Tau1	12.2e-15	✎	s	S	☐
f Tau2	32.0e-15	✎	s	S	☐
f RamanCoefficient	0.0	✎		S	☐

图 3 - 41　光纤的参数设置

（1）参考频率（ReferenceFrequency）：光纤的中心频率。

（2）长度（Length）：设置光纤的长度。

（3）中心频率处的折射率（GroupRefractiveIndex）：中心频率下光纤的折射率。

（4）衰减（Attenuation）：定义每米光纤的衰减值。

（5）色散（Dispersion）：光纤的色度色散系数。

（6）分散斜率（DispersionSlope）：色散系数与波长的斜率。

（7）有效面积（CoreArea）：用于非线性计算的光纤有效纤芯面积。

3. 特性仿真和分析

1）器件位置

首先点击主界面菜单栏中的"Resources"选项；然后选择下拉菜单中的"Module Library"以访问器件列表；在模块库中点击"Fibers"分类，并在其中选择"FiberNLS"器件。单模光纤模型如图 3 - 42 所示。

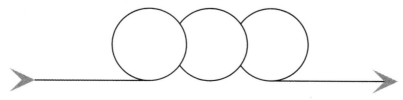

图 3 - 42　单模光纤模型

2）仿真及参数设置

光纤特性仿真如图 3-43 所示，参数设置如表 3-3 所示。

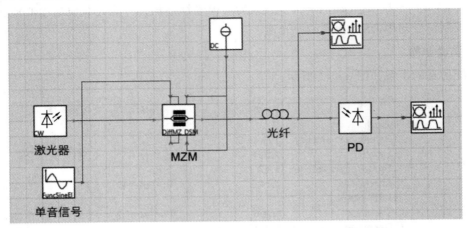

图 3-43　特性仿真电路

表 3-3　仿真参数设置

器件	参　数
激光器	波长：1551.8 nm；功率：10 dBm；RIN：−160 dBc/Hz
调制器（MZM）	半波电压：3.5 V；插损：10 dB；消光比：35 dB
PD	响应度：0.45 A/W
正弦信号	频率：6 GHz

选取 20 km 光纤，其前后输出光谱如图 3-44、图 3-45 所示。

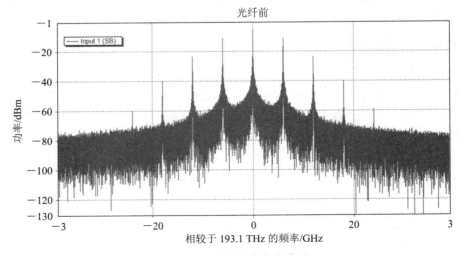

图 3-44　光纤前输出光谱图

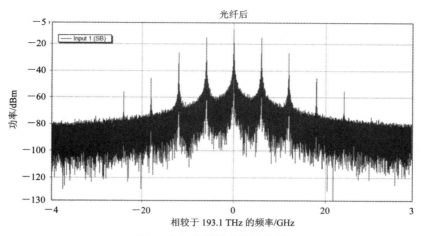

图 3-45 光纤后输出光谱图

由上述光谱图直观看出,信号经过光纤前后在幅度上的衰减约为 4 dB。

由图 3-46 和图 3-47 可以看出,经过光纤传输后存在色散现象。

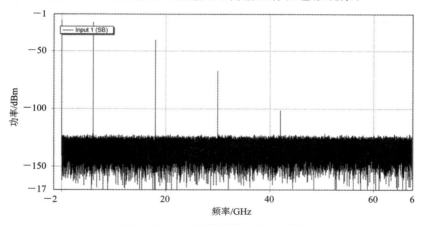

图 3-46 PD 输出频谱图(无光纤)

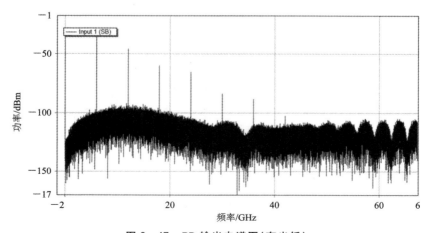

图 3-47 PD 输出电谱图(有光纤)

3.4.2 多模光纤

当光纤纤芯直径较大时(50 pm)，光可以从多个方向进入光纤并沿轴向传播，这种光纤称为多模光纤(MMF)。根据折射系数的不同，MMF 可分为两种类型：阶跃(SI)型和渐变(GI)型。

1. 阶跃型

由于光纤的纤芯折射率高于包层折射率，因此，输入的光信号可以再次在纤芯和包层的交界面上产生连续的全反射而向前推进。光纤中心芯到玻璃包层的折射率是突变的，只有一个台阶，所以称为阶跃型折射率多模光纤，简称阶跃光纤，也称突变光纤。这种光纤的传输模式很多，各种模式的传输路径不一样，经传输后到达终点的时间也不相同，因而产生时延差使光脉冲受到展宽。所以这种光纤的模间色散高，传输频带不宽，传输速率不高，用于通信不够理想，只适用于短途低速通信。

2. 渐变型

光纤的中心芯到玻璃包层的折射率是逐步变小的，可以将高次模的光以正弦波的形式传播，从而减小模间色散，增大了传输距离，目前采用的多模光纤多为渐变型光纤。渐变型光纤与阶跃型光纤具有同样的包层折射率，且具有较好的一致性。高次模和低次模的光分别在不同的折射率层界面上按折射定律产生折射，进入低折射率层中，因此，光的行进方向与光纤轴方向所形成的角度将逐渐变小。同样的过程不断发生，直到光在一个特定的折射率层形成了全反射，从而使光改变方向朝着中心较高的折射率层移动。此时，在各个折射率层，光的传播方向与光纤轴线方向所构成的夹角随着每折射一次便会增大一次，最终达到中心折射率最大的地方。连续进行上述过程，从而实现了光波的传输。我们可以看到，光在渐变光纤中会自动调整，最终到达目的地，这被称为自聚焦。

3.4.3 偏振保持光纤

一般来说偏振保持光纤属于一种特殊的单模光纤，即光纤只能传输一种模式的光。理想的单模光纤在几何结构上具有良好的圆对称性，因而所传输的基模 LP01 是两正交模式的二重简并态，如图 3-48 所示。

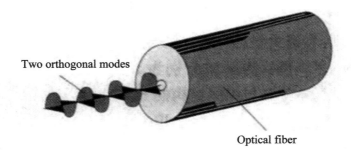

图 3-48 单模光纤中的两种模式[55]

在实际光纤中，由于缺陷的存在使得这种二重简并被破坏，从而引起了双折射现象。这种双折射现象影响单模光纤的传输质量，为了在标准单模光纤中维持模的偏振或者产生更高的双折射效应，就需要人为地利用结构缺陷或应力将双折射引入到光纤中，从而增大了 LP_{01}^{x} 和 LP_{01}^{y} 两模式的有效折射率差，减小两模式的耦合效应，从而对线偏振光具有较强的偏振保持能力。

双折射是由于偏振保持光纤中传输的两个偏振模式的传播常数不同所引起的，传输速度较快的轴称为快轴，传输速度较慢的轴称为慢轴，快慢轴的折射率之差称为双折射值。双折射越大，光纤对线偏振光的偏振保持能力就越强[56]。

3.4.4　其他光纤

由于在光纤中传播的激光越来越偏向大功率化，使得更容易产生受激拉曼散射（SRS）和受激布里渊散射（SBS）等非线性光学效应，这将制约高功率光纤激光器的特性。为了避免这些非线性光学效应，必须采用纤芯直径大但是长度较短的光纤。然而，若是光纤的长度较短，就会使得相互作用的长度变短，从而降低激光器的效能。为了保持高效能，必须选用具有较大的模区（模场）的光纤以抑制这些非线性光学效应。低数值孔径（Low Numerical Aperture，LNA）、大口径化的大模面积（Large Mode Area，LMA）光纤应运而生。

另一种常用光纤是光子晶体光纤（Photonic Crystal Fiber，PCF）[57]，它是石英中具有空位排列构造的光纤。PCF 按波导原理可以分为两类：第一类是具有二维布拉格反射构造，空气纤芯也可以传播光的光子带隙光纤（Photonic Band Gap Fiber，PBF）；第二类是包层中存在气孔，有效折射率比纤芯低，由于全反射作用，光束在具有较高折射率的波导型 PCF 中被有效约束并沿波导传播，也被称为微结构光纤。这两种类型都是在光纤内形成波长顺序的微细周期构造，实现了对光的传播特性的全新控制。

3.5　光放大器

光放大器（Optical Parametric Amplification，OPA）是一种关键的光学器件，能够将输入的光信号放大，以提高光信号的强度，在光通信、激光器驱动、光谱分析等领域有着广泛的应用。探究光放大器的工作原理并进行仿真分析，可为光载射频系统的设计与优化提供重要支持。本节主要介绍光放大器的工作原理、分类和对应的仿真验证。

3.5.1　光放大器

1. 器件特性

传输过程的损失是制约光纤通信系统和一切通信系统发展的因素之一，尤其对于长距离光纤通信系统来说，链路损耗不可忽视，各种性能都可能因此而恶化，因此，需要进行功率补偿以确保接收端有足够大的待检测光功率。采用光放大器是解决这一问题最直接的手段，受到广泛应用，其原理是基于激光的受激辐射，通过将泵浦光的能量转变为信号光的能量实现放大作用。光纤放大器是光纤通信系统对光信号直接进行放大的光放大器件（区别于一般中继器光-电-光的转换模式）。半导体光放大器（Semiconductor Optical Amplifier，

SOA)、拉曼光纤放大器(Raman Fiber Amplifier，RFA)和掺铒光纤放大器(Erbium-doped Fiber Amplifier，EDFA)是 3 种典型的光放大器[58-61]。

器件模型及输入、输出如图 3 - 49 所示。

图 3 - 49　EDFA 输入输出模式

其传递函数可以表示为

$$H_{\text{EDFA}} = G_{\text{EDFA}} = \frac{G_{\text{S}}}{1 + \left(\dfrac{G_{\text{S}} P_{\text{in, EDFA}}}{P_{\text{out, max}}} \right)^{\gamma}} \tag{3-21}$$

其中，$E_{\text{in, EDFA}}$、$E_{\text{out, EDFA}}$ 分别为 EDFA 的输入、输出光功率；G_{S} 是小信号增益；$P_{\text{in, EDFA}} = |E_{\text{in, EDFA}}|^2$ 是 EDFA 输入光功率；$P_{\text{out, max}} = \max\{ |E_{\text{out, EDFA}}|^2 \}$ 是 EDFA 的最大输出光功率；γ 是一个典型值接近 1 的经验常数(通常取值为 1)。

2. 增益特性

增益是描述光放大器对信号放大能力的参数，考虑到 ASE 噪声的影响后，定义如下：

$$G_{\text{EDFA}}(\text{dB}) = 10\lg \frac{P_{\text{S, out}}}{P_{\text{S, in}}} \tag{3-22}$$

增益谱与输入信号的光波长 λ 的有关，EDFA 的增益谱不平坦在波长 1533 nm 和 1553 nm 附近有两个峰值，所以一般选用附近的波长作为输入光信号的波长。

影响增益的因素主要有：

(1) 输入光功率。如图 3 - 50 所示，当输入信号功率较小时，增益近似为常数，即二者成正比，此时的增益称之为放大器的小信号增益；当输入光功率增加到一定程度上时，增益开始下降，此时出现饱和现象，降至小信号增益下 3dB 时对应的输出功率称之为饱和输出功率。

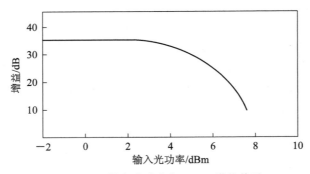

图 3 - 50　输入光功率与 EDFA 增益关系

(2) 掺铒光纤长度。当泵浦功率和信号波长一定时，放大器在某一最佳长度处会获得最大增益，超过该值后增益会很快下降。

(3) Er^{3+} 的掺杂浓度。当 Er^{3+} 浓度较低时，EDFA 有较好的噪声特性，并且存在一个增益最大的最佳 Er^{3+} 浓度值。

(4) 温度。EDFA 增益谱线会随温度的变化发生改变，可以看出，增益随温度升高而下降，但总体变化不是十分明显。同时，温度对 EDFA 增益的影响还因信号输入功率不同而有所区别，如图 3-51 所示。

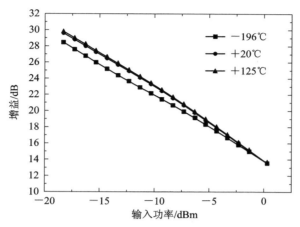

图 3-51　不同温度和输入信号功率下的 EDFA 增益变化

同理，温度对 EDFA 增益的影响还与泵浦功率有关，如图 3-52 所示。

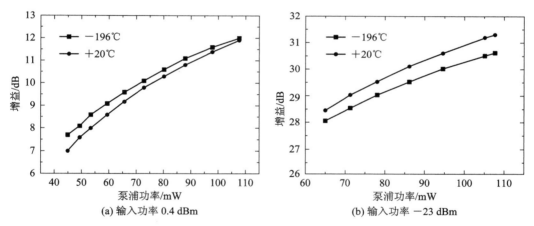

图 3-52　不同温度和泵浦功率下的 EDFA 增益变换

（5）电子辐射。主要是掺铒光纤受辐射影响较大，进而转化为增益的影响。EDFA 的增益随辐射量增加而减小。

3. 噪声特性

放大器的主要噪声是自发辐射（Amplified Spontaneous Emission，ASE）带来的噪声。ASE 是一种由自发辐射诱发的受激辐射占主导，没有正反馈的光振荡，其特性介于激光与荧光之间的过渡状态。对于光放大器来说是一种噪声源，足够强度的 ASE 能够造成增益饱和。

信号-自发辐射拍频噪声是决定 EDFA 性能的重要因素，其 RF 噪声 PSD 表达式如下：

$$N_{\text{sig-sp}}(f)=4\,|\,H_{\text{PD}}(f)\,|^2 hf_c P_{\text{in, EDFA}} n_{\text{sp}}(\gamma_{\text{PD}} l_0)^2 g_0(g_0-1)R \qquad (3-23)$$

式中，l_0 为 EDFA 与光电二极管之间的光信号损耗系数；g_0 为 EDFA 的光功率增益系数，

可以视为增益 G_{EDFA}；B_0 为光纤带宽；n_{sp} 为自发辐射系数。其中，$n_{sp} = \dfrac{N_2}{N_2 - \left(\dfrac{\sigma_a}{\sigma_a}\right)N_1}$（适用

于二能级系统）中 N_1 和 N_2 分别为处于基态和激发态的原子密度；σ_a 和 σ_e 分别为光吸收与辐射的横截面。对于原子都处于激发态或完全粒子数反转的光放大器（即理想光放大器）$n_{sp} = 1$；粒子数不完全反转时，$n_{sp} > 1$，实际中 n_{sp} 值约为 1.4 到 4。

EDFA 输出端信号产生的散粒噪声如下：

$$N_{sh, sig} = \frac{2q^2 g_0 P_{in, EDFA} R}{h f_c} \qquad (3-24)$$

EDFA 输入端信号产生的散粒噪声如下：

$$N_{sh, in} = \frac{2q^2 P_{in, EDFA} R}{h f_c} \qquad (3-25)$$

EDFA 的光噪声因子可被定义为

$$F_n = \frac{N_{sh, sp} + N_{sig-sp} + N_{sp-sp} + N_{sh, sig}}{N_{sh, in}} \qquad (3-26)$$

通常，我们只考虑信号-自发辐射拍频噪声 N_{sig-sp} 和散粒噪声 N_{sh} 引起的 SNR 恶化（假设各器件均理想，即 $H_{pd}(f) = 1$，$\gamma_{PD} = \dfrac{q}{h f_c}$，$l_o = 1$），于是 EDFA 的噪声系数可以简化为

$$NF(\text{dB}) = 10\lg \frac{(\text{SNR})_{in}}{(\text{SNR})_{out}} = 10\lg F_n \approx 10\lg\left(\frac{P_{ASE}}{h f_c G B_0} + \frac{1}{G_{EDFA}}\right) \qquad (3-27)$$

其中，$P_{ASE} = 2n_{sp} h f_c (g_0 - 1) B_0$。

将上式代入 NF 中，当 $G_{EDFA} \gg 1$ 时，有

$$NF(\text{dB}) \approx 10\lg(2n_{sp}) \qquad (3-28)$$

因此，当泵浦充分（理想）情况下，且 $G_{EDFA} \gg 1$ 时噪声系数可达到极限 3 dB。

正如增益一样，噪声指数（NF）同样取决于 EDFA 的长度、掺铒浓度、泵浦方向、泵浦光波长、泵浦光功率、温度等相关参数。因为信号在 EDFA 中传输时自发辐射会积累，当掺铒光纤长度增长时，NF 也会随之变大，因此 ASE 正比于光纤长度，致使 NF 变坏。对于不同的泵浦波长，噪声指数也略有差异，980 nm 泵浦的 EDFA 要比 1480 nm 泵浦 EDFA 的噪声指数低 1~2 dB。影响噪声系数的主要因素主要有以下几个方面：

（1）泵浦功率。NF 随着泵浦功率的增加而减小。因为自发辐射由两部分组成：当前每一小段光纤产生的自发辐射和该段光纤对前段光纤产生自发辐射的放大。泵浦功率越大，在信号获得同等增益的情况下前者的比重越小，因而总信噪比提高，NF 降低直至趋于稳定。

（2）泵浦光波长。同等条件下，980 nm 泵浦源 EDFA 的噪声系数比 1480 nm 泵浦源 EDFA 的噪声系数略小。

（3）泵浦方式。同向泵浦方式下的 NF 最小，反向最大，双向介于二者之间。

（4）输入光功率。输入小信号情况下，NF 随着输入信号光功率的增大而减小；当 EDFA 进入饱和工作状态后，NF 随着信号功率的增大而增大。

（5）光纤长度。NF 随光纤长度的增加而增加，当 EDFA 的长度增加到一定值时，NF 趋于定值。

（6）温度。NF 随温度升高呈上升趋势。

通过在放大器间插入波长选择元件和方向选择元件可优化光放大器的噪声。在 EDFA 中插入光隔离器，可有效地去除 ASE 噪声，使光纤输入端的粒子数反转程度上升，噪声系数降低。波长选择滤波器也可以改善噪声性能和增益，它可以滤除信号通带之外的 ASE 噪声，从而改变放大器的性能。

3.5.2 光放大器的工作模式

1. 自动增益控制

EDFA 的自动增益控制（Automatic Gain Control，AGC）是指在一定的输入光功率变化范围内提供恒定的增益，这样当一个信道的光功率发生变化或由于系统配置要求而引起波道数量发生变化时，其他信道（或开通业务的波长通道）的输出光功率不会受其影响[62]。全光自动增益控制是通过光反馈是某个波长的 ASE 噪声光形成增益控制信号，并使掺铒光纤中的粒子数反转程度钳制在一个固定的水平，从而保持 EDFA 的增益固定。EDFA 自动增益控制技术包括四大类：输入、输出光功率监视控制法、饱和补偿光控制法、载波调制法和全光增益控制法。

在自动增益控制工作模式下，光信号经过 EDFA 的输出功率随输入变化，输出与输入比值为定值，即 EDFA 放大倍数固定。全光自动增益控制技术在实现光增益控制过程中，不需要任何电子控制的介入，且不需要使用光有源器件，具有响应速度快、可靠性高和输入条件和泵浦功率无关等特点。

2. 自动功率控制

EDFA 性能的优劣直接影响着通信质量，尤其是大输出功率的稳定度。EDFA 的自动功率控制（Automatic Power Control，APC）是一种在输入信号功率变化很大的情况下，使输出信号功率保持恒定或仅在较小范围内变化的自动控制电路[63]。在自动功率控制工作模式下，光信号经过 EDFA 后，光信号输出功率不会随输入变化而变化，它可以保持相对稳定的输出功率，保证在接收弱信号时，接收机的增益高，而接收强信号时增益低，从而使输出信号保持适当的功率，不至于因为输入信号太小而无法正常工作，也不至于输入信号太大而使接收机发生饱和或堵塞。

3. 自动电流控制

在自动电流控制（Automatic Current Control，ACC）工作模式下，EDFA 的工作电流固定，输出随输入变化，没有特定的规律，输入越大，输出越大，直至饱和[64]。

3.5.3 常见光放大器

1. 半导体光放大器

半导体光放大器（SOA）是利用半导体材料制作的光放大器，工作原理与半导体激光器类似，也是利用能级间受激跃迁而出现粒子数反转的现象进行光放大，并保持注入种子光的偏振、线宽和频率等基本物理特性[65]。随着工作电流的增加，输出光功率也成一定函数关系增长。SOA 能够同时在 1310 nm 和 1550 nm 窗口使用，具有体积小、结构简单、成本低、功耗小和易集成等优点。缺点是与光纤的耦合较大、噪声和串扰较大、易受环境温度影响，稳定性较差且是偏振敏感器件，偏振效应不太理想。

2. 拉曼光纤放大器

拉曼光纤放大器(RFA)是基于光纤非线性效应(受激拉曼散射)的非线性光纤放大器，在许多非线性光学介质中，对波长较短的泵浦光的散射使得一小部分入射功率转移到另一频率下移的光束，频率下移量由介质的振动模式决定，此过程称为拉曼效应。由于增益介质为传输光纤本身，因此理论上能够进行全波长放大，增益带宽大，(可达 THz)从而实现长距离的无中继传输，同时它还具有较低的噪声指数[66]。但是，受激拉曼散射效应需要很强的光才能激发，所以 RFA 的泵浦激光器功率非常大，且增益较低，在 15 dB 左右，是偏振敏感器件。RFA 是近几年开始商用化的一种新型放大器，主要应用于需要分布式放大的场合。

3. 掺铒光纤放大器

掺铒光纤放大器(EDFA)是一种在信号通过的纤芯中掺入了少量的稀土元素铒离子 Er^{3+} 的光纤放大器，其基本原理是当它暴露在信号光下时，铒粒子受辐射产生光子，由此实现放大[67]。EDFA 的工作频带处于光纤损耗最低处(1525~1565 nm)，一般具有大于 30 dB 的增益，并且与光纤系统兼容，属于偏振不敏感器件，所需泵浦功率低，是现阶段广泛使用的光放大器。它的应用极大地增加了光纤通信的容量，成为当前光纤通信中应用最广的光放大器件。EDFA 主要由泵浦光源、光耦合器、光隔离器、掺铒光纤和光滤波器组成，其结构示意图如图 3-53 所示。

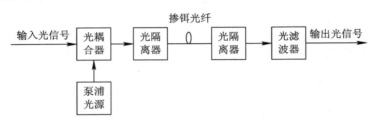

图 3-53 EDFA 结构图

EDFA 以其独有的优势被广泛应用于各类大容量、高速、长距离光通信系统、光纤用户接入网系统、波分复用系统、光纤 CATV 系统中。EDFA 有前置放大、功率放大和线路放大 3 种类型，分别位于光接收机之前、光发射机之后和光纤链路中间。图 3-54 为美国 THORLABS 公司的 EDFA(1520~1577 nm，C 波段，增益≤20 dB)。

图 3-54 美国 THORLABS DUAL EDFA

表 3-4 是 3 种光放大器的基本对比情况。

表 3 - 4　SOA、RFA 和 EDFA 基本情况对比

类型	工作原理	激励方式	噪声特性	与光纤融合	是否偏振相关	稳定性
SOA	粒子数反转	电	差	很难	是	差
RFA	光学非线性	光	好	容易	是	好
EDFA	粒子数反转	光	好	容易	否	好

3.5.4　VPI 仿真应用

图 3 - 55 为 VPI 中的光放大器模块，可以通过查看各器件的帮助文档，根据不同方案需要，选择适合的光放大器类别，完成参数设置后进行仿真分析。

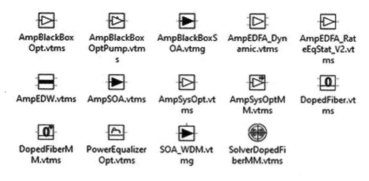

图 3 - 55　VPI 中 Optical Amplifiers 模块器件类型

下面将以固定增益型放大器(Amp Sys Opt)为例介绍 VPI 中光放大器模块，在使用中可以根据需求选择不同放大器。

1. 器件特性

VPI 中光放大器模块可以作为系统仿真中的固定增益放大器，可以对光信号进行稳定的增益控制、功率控制、饱和放大等，以补偿信号传输过程中损耗，提高系统的转换效率。

2. 仿真参数

光放大器模块仿真参数如图 3 - 56 所示。

Name:	Value	Unit	Ty...	👁
▾ 📁 **Physical**				
☰ AmplifierType	GainControlled ▾ ✎		S	☐
☰ GainShapeDescription	GainShapeParameters ▾ ✎		S	☐
f Gain	30 ✎	dB	S	☑
f GainTilt	0 ✎	dB/Hz	S	☐
f OutputPowerMax	1 ✎	W	S	☐
☰ NoiseDescription	NoiseFigureParameters ▾ ✎		S	☐
f NoiseFigure	4.0 ✎	dB	S	☐
f NoiseTilt	0.0 ✎	dB/Hz	S	☐
f NoiseBandwidth	4e12 ✎	Hz	S	☐
f NoiseCenterFrequency	193.1e12 ✎	Hz	S	☐
☰ PolarizFilter	None ▾ ✎		S	☐

图 3 - 56　固定增益放大器模块参数设置

（1）放大类型（AmplifierType）：光放大器的工作模式选择，可以设置为增益放大控制（GainControlled）、功率放大控制（PowerControlled）和饱和控制（Saturable）。在采样模式下，仅支持增益控制放大器。

（2）放大形状（GainShapeDescription）：设置使用参数还是输入文件来定义增益形状。

（3）放大倍数（Gain）：设置在增益控制或饱和模式下工作的光放大器的固定增益值，单位是 dB。

（4）增益斜率（GainTilt）：增益分布相对于光学频率的斜率。

（5）输出功率最大值（OutputPowerMax）：增益控制模式下放大器可提供的最大输出功率。如果输出功率超过规定增益和给定输入功率的最大值，放大器增益和输出功率将适当降低。

（6）噪声描述（NoiseDescription）：设置放大自发辐射（ASE）是由噪声系数描述还是由频谱噪声功率密度描述，或可以设置为忽略噪声影响，以及选择噪声大小是由参数指定还是由输入文件指定。

（7）噪声数值（NoiseFigure）：设置通过光放大器产生的噪声系数。

3. 器件位置

首先点击主界面菜单栏中的"Resources"选项；然后选择下拉菜单中的"Module Library"以访问器件列表；在模块库中点击"Optical Amplifier"分类，并在其中选择"AmpSysOpt"器件；再点击"CATV"分类，并在其中选择"TwoTone_Analyzer"器件；最终点击"Instrumentation"分类，并在其中选择"Power meter"器件。

4. 仿真及参数设置

为分析在 VPI 中光放大器的噪声特性，使用 Amp Sys Opt 器件进行仿真，所有参数均与实验对齐，具体的仿真和参数设置如图 3-57 和表 3-5 所示，有关全局变量的设置如图 3-58 所示。

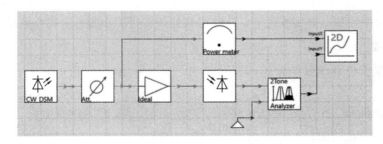

图 3-57　EDFA 特性仿真示意图

表 3-5　仿真参数设置

器件	参数
激光器	波长：1554.0 nm；功率：10 dBm；RIN：−150 dBc/Hz
EDFA	输出功率：4 dBm；NF：4dB；工作模式：APC
PD	响应度：1.0 A/W
衰减器	0～40 dB 变化

Global						
f	TimeWindow	1024/BitRateDefault	✎	s	S	☐
i	GreatestPrimeFactorL...	2	✎		S	☐
☰	InBandNoiseBins	OFF	▼ ✎		S	☐
☰	BoundaryConditions	Periodic	▼ ✎		S	☐
☰	LogicalInformation	ON	▼ ✎		S	☐
f	SampleModeBandwidth	SampleRateDefault	✎	Hz	S	☐
f	SampleModeCenterFr...	193.1e12	✎	Hz	S	☐
f	SampleRateDefault	64*BitRateDefault	✎	Hz	S	☐
f	BitRateDefault	10e9	✎	bit/s	S	☐

图 3-58　EDFA 特性仿真全局变量设置

5．仿真结果

激光器输出的光经过衰减器后进入光放大器中，不断改变衰减器的衰减倍数，由此得到不同功率的输入光功率，经过 EDFA 后使用理想的无噪声光电探测器拍频，将 TwoTone_Analyzer 模块的 Outputs 改为 NoisePower，即通过测量 EDFA 输入光功率的大小与对应的拍频后噪声功率的大小，从而得出输入光功率与 EDFA 噪声功率的关系，并在 VPIphotonicsAnalyzer 中对仿真结果图作以下修改：

（1）修改坐标轴字体大小，双击以下需要修改的内容：坐标轴—右侧 Axis Title Font-Arial，12pt。

（2）修改坐标轴标签，双击以下需要修改的内容：坐标轴—右侧"Axis Title"—"Arial，12pt"。

（3）修改页面标题，依次单击：双页面空白处—右侧"Chart Title"—键入标题，下方"Title Font"—"Arial，12pt"。

（4）修改曲线颜色，依次单击：曲线—右侧"Line"—"Color Grading"。

（5）修改坐标点，依次单击：曲线—右侧"Symbol"—"Symbol Shape"。

经过以上步骤，最后可以得到如图 3-59 所示的输入光功率与 EDFA 噪声功率的关系图。

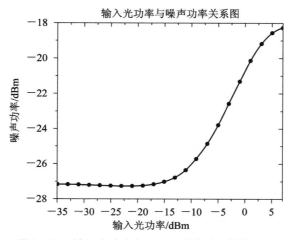

图 3-59　输入光功率与 EDFA 噪声功率的关系图

由图 3-59 可知，在输入小信号情况下，当输入光功率增大时，噪声功率会随输入光功率的增大而增大。

3.6　光无源器件

光无源器件是光纤通信设备的重要组成部分，也是其它光纤应用领域不可缺少的元器件。它具有高回波损耗、低插入损耗、高可靠性、高稳定性、高机械耐磨性和抗腐蚀性、易于操作等特点，广泛应用于长距离通信、区域网络及光纤到户、视频传输、光纤感测等。

本节列举了多个光无源器件，介绍了器件的原理以及其在 VPI 中的各种参数。

3.6.1　光纤连接器

光纤连接器作为光学元器件中的基础元件，扮演着至关重要的角色。它们不仅能够实现光纤之间的连接，还具备将光纤光缆、有源器件、其他无源器件、系统与仪表等设备进行连接的功能。这种连接器的设计和制造需要考虑多种因素，包括机械强度、光学性能、环境适应性等。

其工作原理主要是通过一种机械和光学结构，确保两根光纤的纤芯能够精确对准。这种对准是至关重要的，因为它直接影响到光信号的传输效率。理想情况下，连接器应能够保证至少 90% 以上的光信号能够通过，从而减少信号的损失，提高传输的可靠性。

在实际应用中，光纤连接器的设计需要满足多种性能要求，包括但不限于：

(1) 插入损耗：连接点的光损耗应尽可能小，以保持信号的完整性。

(2) 回波损耗：减少反射光的量，避免信号干扰。

(3) 重复性：连接器应能够在多次插拔后仍保持性能稳定。

(4) 环境稳定性：在不同的环境条件下，连接器应保持其性能不受影响。

光纤连接器的类型和规格多种多样，以适应不同的应用需求，包括单模和多模光纤、不同类型的光纤端面处理等。正确选择和使用光纤连接器对于确保光纤通信系统的性能至关重要。

3.6.2　光纤准直器

光纤准直器（Optical Collimators）的作用是将发散角较大的光束转换为发散角较小的光束，从而以较低的损耗耦合到其他的光学器件上。

光纤准直器（Optical Collimators）是一种重要的光学元件，它的作用是将来自光纤端面的发散光束转换成平行光束，或者将平行光束聚焦到光纤端面上。这种转换对于提高光信号的耦合效率至关重要，尤其是在光纤通信和光纤传感系统中。

光纤准直器的关键作用和特性如下：

(1) 光束整形。准直器可以将光纤输出的发散光束整形为接近平行的光束，这对于需要精确控制光束方向的应用非常重要。

（2）提高耦合效率。通过减少光束的发散角，准直器可以提高光束与下一个光学器件（如光纤、光栅、探测器等）的耦合效率，从而减少光信号的损耗。

（3）光学系统设计。在复杂的光学系统中，准直器可以用来调整光束的传播方向，使其适应系统的其他部分，实现精确的光路设计。

（4）光学测量。在一些光学测量设备中，准直器可以用来提供稳定的参考光束，以进行精确的测量。

（5）光束质量改善。准直器有助于改善光束的质量，减少由于光束发散引起的光学畸变。

（6）灵活性和适应性。准直器可以根据不同的应用需求设计，以适应不同的光束直径、波长和工作距离。

（7）光学隔离。在某些情况下，准直器还可以用作光学隔离器的一部分，防止反向光束进入光源或敏感的光学元件。

光纤准直器的设计和制造需要考虑多种因素，包括光学材料的选择、光学元件的几何形状，以及与光纤的匹配性等。通过精心设计，准直器可以在各种光学系统中发挥关键作用，提高系统的性能和可靠性。

3.6.3　2×2 光耦合器

1. 器件特性

2×2 光耦合器（Optical Coupler）是将光信号进行分路、合路、插入或分配的一种器件，2×2 光耦合器模型如图 3-60 所示。

当光线进入熔锥区输入端时，由于纤芯不断变细，入射角度也不断变大，当超过全反射的角度临界值时，会有部分的光从直通臂逸出到耦合臂上，从而实现耦合[68-69]。

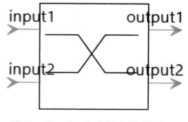

图 3-60　2×2 光耦合器模型

输出信号与输入信号的关系为

$$\begin{pmatrix} E_{1,\,\text{out}} \\ E_{2,\,\text{out}} \end{pmatrix} = \begin{pmatrix} \sqrt{1-\alpha} & \text{j}\sqrt{\alpha} \\ \text{j}\sqrt{\alpha} & \sqrt{1-\alpha} \end{pmatrix} \cdot \begin{pmatrix} E_{1,\,\text{in}} \\ E_{2,\,\text{in}} \end{pmatrix} \quad (3-29)$$

2. 仿真参数

2×2 光耦合器的仿真参数如图 3-61 所示。

Name:	Value		Unit	Type	👁
▾ 📁 Physical					
f CoupleFactor	0.5	✎		S	☐

图 3-61　2×2 光耦合器参数设置

其中，耦合因子（CoupleFactor）即公式中的 α。

3. 器件位置

首先点击主界面菜单栏中的"Resources"选项；然后选择下拉菜单中的"Module Library"以访问器件列表；在模块库中点击"Passive Components"分类，并在其中选择"X_Coupler"器件。

3.6.4　2×4 光耦合器

1. 器件特性

2×4 光耦合器将一个输入信号与一个本振信号结合，产生 4 个具有 90°相位差的光信号。2×4 光耦合器模型如图 3-62 所示。

在理想情况下，转移矩阵如公式(3-30)所示。

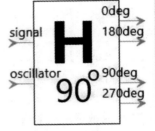

图 3-62　2×4 光耦合器模型

$$\begin{pmatrix} E_{1,\,\text{out}} \\ E_{2,\,\text{out}} \\ E_{3,\,\text{out}} \\ E_{4,\,\text{out}} \end{pmatrix} = \frac{1}{2} \begin{pmatrix} 1 & 1 \\ 1 & -1 \\ 1 & \text{j} \\ 1 & -\text{j} \end{pmatrix} \begin{pmatrix} E_{1,\,\text{in}} \\ E_{2,\,\text{in}} \end{pmatrix} \qquad (3-30)$$

2. 仿真参数

2×4 光耦合器仿真参数如图 3-63 所示。

Name:	Value		Unit	Type	👁
▾ 📁 Physical					
f InsertionLossSignal	0.0	✏	dB	S	☐
f InsertionLossLocalOsc...	0.0	✏	dB	S	☐
f PhaseImbalance_Sign...	0.0	✏	deg	S	☐
f PhaseImbalance_IQ	0.0	✏	deg	S	☐
f InsertionLossImbalanceI	0.0	✏	dB	S	☐
f InsertionLossImbalan...	0.0	✏	dB	S	☐

图 3-63　2×4 光耦合器参数设置

（1）信号插入损耗(InsertionLossSignal)：输入信号的插入损耗。

（2）本振插入损耗(InsertionLossLocalOscillator)：本振信号的插入损耗。

（3）输入-本振相位差(PhaseImbalance_SignalLocalOscillator)：输入信号与本振信号的相位差。

（4）IQ 相位差(PhaseImbalance_IQ)：输出信号 1 和 2 的相位差与输出信号 3 和 4 的相位差。

（5）I 路插入损耗差(InsertionLossImbalanceI)：输出 1 和 2 之间的插入损耗的差值。

（6）Q 路插入损耗差(InsertionLossImbalanceQ)：输出 3 和 4 之间的插入损耗的差值。

3. 器件位置

首先点击主界面菜单栏中的"Resources"选项；然后选择下拉菜单中的"Module Library"以访问器件列表；在模块库中，点击"Passive Components"分类，并在其中选择"Hybrid90deg"器件。

3.6.5　光衰减器

1. 器件特性

光衰减器(Optical Attenuator)可以按照需求将光信号进行预期的衰减，其模型如图 3 - 64 所示。不同类型的衰减器采用不同的工作原理。

输出信号与输入信号的关系为

$$\text{Attenuation} = -20 \cdot \lg\left(\frac{E_{\text{out}}}{E_{\text{in}}}\right) \qquad (3-31)$$

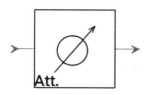

图 3 - 64　光衰减器模型

2. 仿真参数

光衰减器仿真参数如图 3 - 65 所示。

Name:	Value	Unit	Type	👁
▾ 📁 Physical				
_f_ Attenuation	0.0 ✎	dB	S	☐
▾ 📁 Enhanced				
≔ Active	On ▾ ✎		S	☐

图 3 - 65　光衰减器参数设置

衰减系数(Attenuation)：可以改变其值使光得到固定的衰减。

3. 器件位置

首先点击主界面菜单栏中的"Resources"选项；然后选择下拉菜单中的"Module Library"以访问器件列表；在模块库中，点击"Passive Components"分类，并在其中选择"Attenuator"器件。

3.6.6　光隔离器

1. 器件特性

光隔离器(Optical Isolator)主要的功能是解决光路中光的反射问题，它是只允许光路正向传输的无源器件，其模型如图 3 - 66 所示。

输出信号与输入信号的关系为：正向输入信号被内置的光衰减器衰减后输出，反向的输入信号被消除。

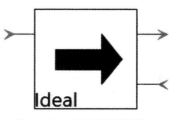

图 3 - 66　光隔离器模型

2. 仿真参数

光隔离器的仿真参数如图 3 - 67 所示。

Name:	Value	Unit	Type	👁
▾ 📁 Physical				
_f_ InsertionLoss	0.0 ✎	dB	S	☐

图 3 - 67　光隔离器参数设置

插入损耗(InsertionLoss)：正向衰减系数，值为 0 表示正向信号不衰减。

3. 器件位置

首先点击主界面菜单栏中的"Resources"选项。然后选择下拉菜单中的"Module Library"以访问器件列表；在模块库中，点击"Passive Components"分类，并在其中选择"IsolatorIdeal"器件。

3.6.7　光滤波器

1. 器件特性

光滤波器(Optical Filter)可以实现对光信号进行滤波[70]，其模型如图3-68所示。

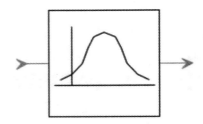

图 3 - 68　光滤波器模型

2. 仿真参数

光滤波器的仿真参数如图3-69所示。

Name:		Value	Unit	Type	👁
▼ 📁	Physical				
⋮≣	FilterType	BandPass　　　▼ 🖉		S	☐
⋮≣	TransferFunction	Rectangular　　▼ 🖉		S	☐
f	CenterFrequency	193.1e12　　　　🖉	Hz	S	☐
f	Bandwidth	🖉	Hz	S	☐
f	StopbandAttenuation	40　　　　　　🖉	dB	S	☐

图 3 - 69　光滤波器参数设置

（1）滤波器类型(FilterType)：有带通滤波器、带阻滤波器等类型。

（2）传输函数(TransferFunction)：可选择方波(Rectangular)、三角波(Trapezoid)、高斯函数(Gaussian)等。

（3）中心频率(CenterFrequency)：滤波器的中心频率。

（4）带宽(Bandwidth)：滤波器的带宽。

（5）阻带增益(StopbandAttenuation)：滤波器阻带的增益值，单位为负值。

3. 器件位置

首先点击主界面菜单栏中的"Resources"选项；然后选择下拉菜单中的"Module Library"以访问器件列表；在模块库中，点击"Optical Filters"分类，并在其中选择"FilterOpt"器件。

4. 仿真及参数设置

分别使用矩形带通滤波器与高斯型带通滤波器对信号进行滤波，结果如图3-70所示。

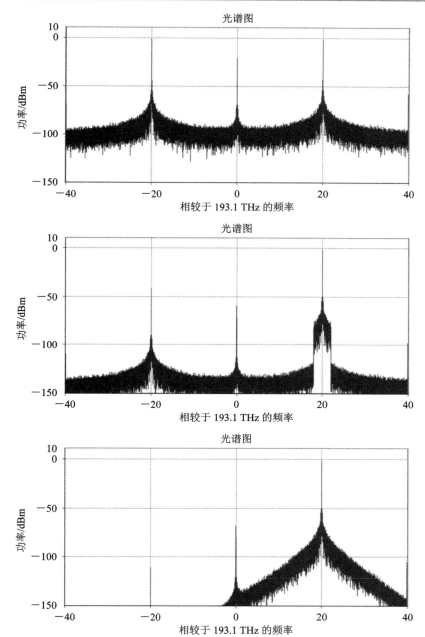

图 3 - 70　初始光谱图、通过矩形带通滤波器以及高斯带通滤波器的光谱图

矩形带通滤波器以及高斯带通滤波器的参数如表 3 - 6 所示。

表 3 - 6　矩形带通滤波器以及高斯带通滤波器参数

滤波器类型	中心频率/Hz	带宽/GHz	阻带衰减/dB	阶数
矩形带通滤波器	193.1e12＋20e9	4	40	
高斯带通滤波器	193.1e12＋20e9	4		0.6

3.6.8 光波分复用器与光解波分复用器

1. 器件特性

波分复用技术(Wavelength Division Multiplexing,WDM)是光纤通信中常用的传输技术,利用一根光纤可以同时传输多个不同波长的光载波的特点,把光纤可能应用的波长范围划分为多个波段,每个波段传输一种预定波长的光信号,这样大大提高了光纤的带宽利用率。光波分复用器与光解波分复用器模型如图 3-71 所示。

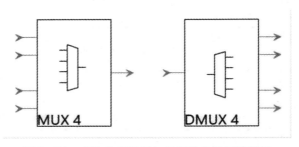

图 3-71 光波分复用器与光解波分复用器模型

其输出信号与输入信号的关系为:输出信号等于每一路输入信号经过一个带通滤波器后相加,每个带通滤波器的关系如图 3-72 所示。

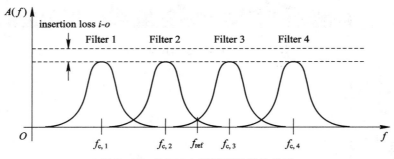

图 3-72 WDM 中带通滤波器的关系

还有 2-1、N-1 波分复用器等,其原理都相似,目的是将多路信号合为一路。而解波分复用器的作用则与之相反,目的是将一路信号分解为多路信号,过程也与 WDM 相反,将一路信号通过各个滤波器分为多路。

2. 仿真参数

波分复用技术(WDW)仿真参数如图 3-73 所示。

(1)插入损耗(InsertionLoss):为每个信道的插入损耗。

(2)滤波器类型(FilterType):可以设置为带通或者自定义滤波器。

(3)传输函数(TransferFunction):为滤波器的传输函数,可选择高斯函数、贝塞尔函数等。

(4)带宽(Bandwidth):为滤波器的带宽。

(5)中心频率(CenterFrequency_Filter):各个滤波器的中心频率。

(6)高斯阶数(GaussianOrder):高斯函数的阶数。

Name:	Value		Unit	Type	👁
▾ 📁 Physical					
f　InsertionLoss	0.0	🖉	dB	S	☐
⋮≡　FilterType	BandPass	▾ 🖉		S	☐
⋮≡　TransferFunction	Gaussian	▾ 🖉		S	☐
f　Bandwidth	4*BitRateDefault	🖉	Hz	S	☐
f　CenterFrequency_Filt...	193.1e12	🖉	Hz	S	☐
f　CenterFrequency_Filt...	193.2e12	🖉	Hz	S	☐
f　CenterFrequency_Filt...	193.3e12	🖉	Hz	S	☐
f　CenterFrequency_Filt...	193.4e12	🖉	Hz	S	☐
f　GaussianOrder	1	🖉		S	☐
⋮≡　MinimumPhase	Off	▾ 🖉		S	☐

图 3 - 73　WDM 参数设置

3. 器件位置

首先点击主界面菜单栏中的"Resources"选项；然后选择下拉菜单中的"Module Library"以访问器件列表；在模块库中，点击"WDM Multiplexers"分类，并在其中选择"WDM_MUX_4_1"器件。

3.6.9　光开关

1. 器件特性

光开关(Optical Switch)是一种光路控制器件，起着切换光路的作用，其模型如图 3 - 74 所示。在光纤传输网络和各种光交换系统中，可由微机控制进行分光交换，实现各终端之间、终端与中心之间信息的分配与交换智能化；在普通的光传输系统中，可用于主备用光路的切换，也可用于光纤、光器件的测

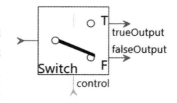

图 3 - 74　光开关模型

试及光纤传感网络中，使光纤传输系统、测量仪表或传感系统工作稳定可靠，使用方便。

输入信号与输出信号的关系如下：

(1) 若控制信号为 true，则信号从 trueOutput 输出；

(2) 若控制信号为 false，则信号从 falseOutput 输出。

2. 仿真参数

光开关仿真参数如图 3 - 75 所示。

Name:	Value		Unit	Type	👁
▾ 📁 Enhanced					
⋮≡　Active	On	▾ 🖉		S	☐

图 3 - 75　光开关参数设置

3. 器件位置

首先点击主界面菜单栏中的"Resources"选项；然后选择下拉菜单中的"Module Library"以访问器件列表；在模块库中，点击"Simulation Tools"分类，并在其中选择"Switch"器件。

3.6.10 光环形器

1. 器件特性

光环形器(Optical Circulator)是一种多端口的具有非互异性的光器件,光信号从任一端口输入都会按规律从特定的端口输出,而不会传输到其他端口,其模型如图3-76所示。光环形器在光通信的双向通信领域有广泛的应用[71]。

输入信号与输出信号的关系为:按顺时针方向,1端口输入的信号在2端口输出;2端口输入的信号在3端口输出;3端口输入的信号在1端口输出。

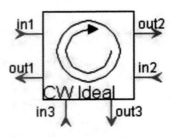

图3-76 光环形器模型

2. 仿真参数

光环形器仿真参数如图3-77所示。

Name:	Value	Unit	Type	👁
▼ 📁 Physical				
_f_ InsertionLoss	0.0	dB	S	☐

图3-77 光环形器参数设置

插入损耗(InsertionLoss):内置衰减器的参数大小。

3. 器件位置

首先点击主界面菜单栏中的"Resources"选项;然后选择下拉菜单中的"Module Library"以访问器件列表;在模块库中,点击"Passive Components"分类,并在其中选择"CirculatorCwSys"器件。

3.6.11 起偏器

1. 器件特性

起偏器(Polarizer)是用于从自然光中获取偏振光的器件,理想的起偏器有一个特定的方向,只有平行与这个方向的偏振光能穿过,垂直于此方向的偏振光则被吸收,其模型如图3-78所示。

输入信号与输出信号的关系为:输入信号中平行与起偏器方向的分量通过,而垂直分量被消除。

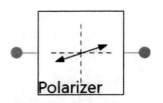

图3-78 起偏器模型

2. 仿真参数

起偏器的仿真参数如图3-79所示。

Name:	Value	Unit	Type	👁
▼ 📁 Physical				
_f_ DeviceAngle	0.0	deg	S	☐
▼ 📁 Enhanced				
▤ Active	On ▾		S	☐

图3-79 起偏器参数设置

设备角度(DeviceAngle)：为偏振方向。

3. 器件位置

首先点击主界面菜单栏中的"Resources"选项；然后选择下拉菜单中的"Module Library"以访问器件列表；在模块库中，点击"Polarization Components"分类，并在其中选择"PolarizaerLinIdeal"器件。

3.6.12　偏振光分束器与偏振光合束器

1. 器件特性

普通的光纤在生产过程中会存在椭圆度以及残余应力，并且在使用时不可避免地会受到外力与磁场的影响，所以传输信号的偏振态会受到影响。

偏振光分束器(Polarization Beam Splitter，PBS)利用双折射晶体把一束光分为两束偏振正交的线偏振光，相反，偏振光合束器(Polarization Beam Combiner，PBC)的作用就是将两束偏振方向正交的线偏光合成一束，PBC 与 PBS 的模型如图 3-80 所示。

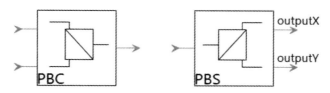

图 3-80　PBC 模型与 PBS 模型

输入信号与输出信号的关系如下：

(1) 对于 PBC，输出信号等于两个相互垂直的线偏光的和。

(2) 对于 PBS，输出信号等于输入信号的相互垂直方向的线偏振分量。

2. 仿真参数

偏振光合束器(PBC)的仿真参数如图 3-81 所示，偏振光分束器(PBS)的仿真参数如图 3-82 所示。

Name:	Value		Unit	Type	👁
▼ 📁 Physical					
_f_ DeviceAngle	0.0	✎	deg	S	☐
▼ 📁 Enhanced					
⋮≡ JoinParameterizedSig...	No	▼ ✎		S	☐
⋮≡ JoinDistortions	No	▼ ✎		S	☐

图 3-81　PBC 参数设置

Name:	Value		Unit	Type	👁
▼ 📁 Physical					
_f_ DeviceAngle	0.0	✎	deg	S	☐

图 3-82　PBS 参数设置

偏振角度（DeviceAngle）：偏振方向。

3. 器件位置

首先点击主界面菜单栏中的"Resources"选项；然后选择下拉菜单中的"Module Library"以访问器件列表。在模块库中，点击"Polarization Components"分类，并在其中选择"CombinerPol/SplitterPol"器件。

3.6.13 偏振控制器

1. 器件特性

偏振控制器（Polarization Controller）的作用就是将输入的任意一种偏振态转变为任意指定的偏振态输出。其模型如图 3-83 所示，两个自由度分别为椭圆度和方位角。

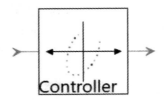

图 3-83 偏振控制器模型

输入信号与输出信号的关系为：输出信号为将输入信号的偏振态变为指定值后的信号。具体关系如下列公式所示：

$$E_{in}(t) = \begin{pmatrix} |E_x(t)| \exp[j\alpha_x(t)] \\ |E_y(t)| \exp[j\alpha_y(t)] \end{pmatrix} \tag{3-32}$$

$$E_{out}(t) = \begin{pmatrix} \sqrt{1-k}\exp[j\alpha'_x(t)] \\ \sqrt{k}\exp[j\alpha'_y(t)] \end{pmatrix} \cdot \sqrt{|E_x(t)|^2 + |E_y(t)|^2} \tag{3-33}$$

其中，k 为功率分配系数，α 为初始的偏振角，α' 为由偏振控制器输入的偏振角。

可以看出，输出信号的偏振态与输入信号的偏振态无关。偏振控制器将所有频率的信号都映射到单个偏振状态上，而三环偏振控制器则保留了偏振状态的频率依赖性，如图 3-84 所示，不同的频率将对应不同的输出。

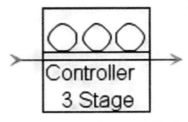

图 3-84 三环偏振控制器模型

2. 仿真参数

偏振控制器的仿真参数如图 3-85 所示。

Name:	Value		Unit	Type	👁
▼ 📁 Physical					
f Azimuth	0.0	✏	deg	S	☐
f Ellipticity	0.0	✏	deg	S	☐
[*f*] SymmetryFactor	0 1	✏		S	☐
▼ 📁 Enhanced					
≣ Active	On	▼ ✏		S	☐

图 3 – 85　偏振控制器参数设置

（1）方位角（Azimuth）：信号偏振方位角；

（2）椭圆度（Ellipticity）：信号椭圆度。

3．器件位置

首先点击主界面菜单栏中的"Resources"选项；然后选择下拉菜单中的"Module Library"以访问器件列表；在模块库中，点击"Polarization Components"分类，并在其中选择"ControllerPol"器件。

3.6.14　光延时线

1．器件特性

光延时线（Optical Delay）模块通过将采样信号时移来模拟光信号的传播延时，其模型如图 3 – 86 所示，它可以用来模拟任意常数的相移。

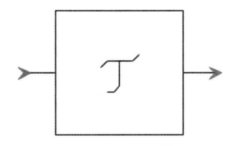

图 3 – 86　光延时线模型

输入信号与输出信号的关系为：输出信号等于输入信号延迟一个时间常数后所得信号。

2．仿真参数

光延时线的仿真参数如图 3 – 87 所示。

Name:	Value		Unit	Type	👁
▼ 📁 Physical					
≣ SignalDelay	On	▼ ✏		S	☐
f DelayTime	0	✏	s	S	☐

图 3 – 87　光延时线参数设置

延迟时间(DelayTime)：延时线的延迟时间。

3. 器件位置

首先点击主界面菜单栏中的"Resources"选项；然后选择下拉菜单中的"Module Library"以访问器件列表；在模块库中，点击"Passive Components"分类，并在其中选择"DelaySignal"器件。

3.7　电　器　件

本节首先对典型电学器件特性进行介绍，阐述该电器件的模型及输入输出信号关系，然后介绍该电器件在 VPI 中的仿真模型及仿真参数，最后给出该器件在 VPI 中的位置以及示意图。

3.7.1　电衰减器

1. 器件特性

电衰减器是一种提供衰减功能的电子元器件，其在指定的频率范围内引入预定的衰减。一般以所引入衰减的分贝数及其特性阻抗的欧姆数来标明。

2. 器件模型以及输入输出

电衰减器模型如图 3 - 88 所示。

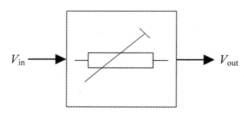

Electrical Attenuator

图 3 - 88　电衰减器示意框图

假设输入信号为 V_{in}，衰减指数为 Att，则输出信号与输入信号关系为

$$\text{Att} = -20 \cdot \lg\left(\frac{V_{out}}{V_{in}}\right) \tag{3-34}$$

其中，输入信号和输出信号可为电流或电压。

3. 仿真参数

电衰减器的仿真参数如图 3 - 89 所示。

(1) 衰减(Attenuation)：衡量信号衰减倍数，单位为 dB。

(2) 活跃状态(Active)：定义模块是否处于活动状态。默认 ON 状态。

Name:	Value	Unit	Ty...	👁
▼ 📁 Physical				
f Attenuation	0　　　　　　　　　　　　　　　　　　　 ✎	dB	S	☐
▼ 📁 Enhanced				
☰ Active	On　　　　　　　　　　　　　　　▼ ✎		S	☐

图 3 - 89　电衰减器仿真参数设置

4. 器件位置

首先点击主界面菜单栏中的"Resources"选项；然后选择下拉菜单中的"Module Library"以访问器件列表；在模块库中，点击"Electrical Functions"分类，并在其中选择"AttenuatorEl"器件。电衰减器模型如图 3 - 90 所示。

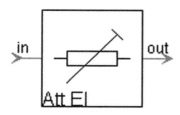

图 3 - 90　电衰减器模型

3.7.2　电功分器

1. 器件特性

功分器全称为功率分配器（Power Divider，PD），是一种将一路输入信号能量分成两路或多路输出相等或不相等能量的器件，也可反过来将多路信号能量合成一路输出，此时也可称为合路器。功分器按输出的端口分为二功分器、三功分器、四功分器、六功分器、八功分器、十二功分器。

以二功分器为例，二功分器为三端口电路结构（3 Port network），如图 3 - 91 所示。这种三端口装置是可逆的，它既能以功率分配的形式又能以功率合成的形式应用。其信号输入端的输入功率为 P_1，而其他两个输出端的输出功率分别为 P_2 及 P_3。理论上，以能量守恒定律可知 $P_1 = P_2 + P_3$。功率分配器可分为等分型（$P_2 = P_3$）及比例型（$P_2 = \left(\dfrac{1}{k^2}\right)P_3$）两种类型。

图 3 - 91　二功分器框图

2. 器件位置

首先点击主界面菜单栏中的"Resources"选项；然后选择下拉菜单中的"Module Library"以访问器件列表；在模块库中，点击"Electrical Sources"分类，并在其中选择"FuncSineEl"和"AttenuatorEl"器件；再点击"Wiring Tools"分类，并在其中选择"Fork_2"

器件。

VPI 中只有光功分器，没有对应的电功分器。若要将输入电信号功率平分，则可以选用 Fork_2、Fork_3、Fork_4 分别将输入电信号为两路、三路以及四路，这几路信号和输入信号幅度、相位一致，每一路信号再连接一个衰减器即可实现功分。以 Fork_2 将输入信号分为两路，每一路信号再连接 3 dB 衰减器实现二功分器为例，Fork_2 结构如图 3 - 92 所示，衰减器仿真参数如图 3 - 93 所示。

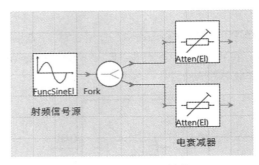

图 3 - 92　Fork_2 结构

Name:	Value	Unit	Ty...	👁
▾ 📁 Physical				
f Attenuation	0	dB	S	☐
▾ 📁 Enhanced				
▤ Active	On		S	☐

图 3 - 93　衰减器仿真参数设置

3.7.3　电桥

1. 器件特性

3 dB 电桥是通信系统中常用的无源器件，尤其是在射频、微波电路与系统中应用广泛。例如功率信号的分路与合成电桥，可用来作为系统中的加法器和减法器以及结合其他器件构成反射型移相器[72]；90°的 3dB 电桥可以产生 IQ 信号，一路电信号输入电桥后，可以输出两路功率平分的电信号，且一路电信号和输入信号同相，一路电信号和输入电信号相位相差 90°。同时电桥在移相器、时延均衡器等器件中属于核心电路，其主要参数如表 3 - 7 所示。

表 3 - 7　3dB 90°电桥参数列表

符号表示	意义	单位	取值范围	备注
f	频率	MHz	88～12 000	
IL	插入损耗	dB	0.3～0.8	输入功率除以两个输出端口的功率之和
AB	幅度平衡度	dB	−0.8～+0.8	每个输出功率除以两个输出功率的平均功率
PB	相位平衡度	°	90±7.0	两个输出端口的相位差

（1）频率（f）：电桥可以实现移相的输入信号的频率。

（2）插入损耗（IL）：输入功率除以两个输出端口的功率之和，表示信号经过电桥移相后，信号功率损耗。

（3）幅度平衡度（AB）：每个输出功率除以两个输出功率的平均功率，表示两个输出端口的幅度差异，理想情况下功率均分为 1。

（4）相位平衡度（PB）：两个输出端口的相位差，信号经过 90°电桥移相后，理想情况下可以输出两路相位差 90°的信号，PB 表示两路信号相位差异。

3 dB 90°电桥的结构可以表示为图 3-94 所示。

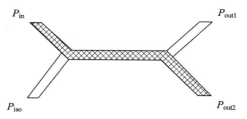

图 3-94　电桥结构框图

电桥为一个四端口器件，作为功分器，有一个输入端口，一个隔离端口以及两个输出端口。反过来，也可以作为耦合器，有两个输入端口，一个输出端口以及一个耦合端口。此处仅介绍其作为功分器结构使用的情况，3 dB 90°电桥将输入信号功率平分为两路信号，其中一路信号和输入信号同相，另一路信号和输入信号相比附加一个 90°的频偏，则其输入、输出信号为：

（1）输入电压或电流信号：V_{in}。

（2）输出电压或电流信号：$V_{out1} = V_{in}/\sqrt{2}$。

（3）输出电压或电流信号：$V_{out2} = (V_{in}/\sqrt{2}) \angle 90°$。

2. 器件位置

首先点击主界面菜单栏中的"Resources"选项；然后选择下拉菜单中的"Module Library"以访问器件列表；在模块库中，点击"Electrical Sources"分类，并在其中选择"FuncSineEl"和"AttenuatorEl"器件；再点击"Wiring Tools"分类，并在其中选择"Fork_2"器件。

由于 VPI 中没有对应的电桥器件，所以需要利用其他器件进行搭建，实现电桥移相的功能。其仿真结构如图 3-95 所示，射频信号源输出一路信号，利用一个 Fork_2 器件将输入信号分为两路，再将两路信号分别连接电衰减器，将衰减设置为 3 dB 来模拟器件损耗。其中一路信号保持不变即输出同相信号，另一路信号连接一个移相器，设置需要移动的相位为 90°，信号经过移相器后，其相位移相 90°。

在 VPI 仿真中可以利用移相器代替电桥移相，但实际电路中不允许这么操作。移相器是严格与频率相关的，例如移相器对 2GHz 信号移相 90°时，若信号频率变为 2.1 GHz，信号移相将不再是 90°。而电桥在工作频率范围内均可以对信号移相 90°（不考虑相位不平衡度）。但在 VPI 仿真中未考虑这一点，因此可以利用移相器代替电桥移相功能。

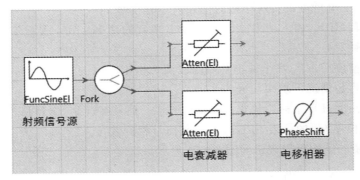

图 3 - 95   利用移相器实现电桥结构

注意：Fork_2 器件只需要连线即可，不需要额外设置参数，而移相器需要设置需要移动的相位，参数设置如图 3 - 96 和图 3 - 97 所示。

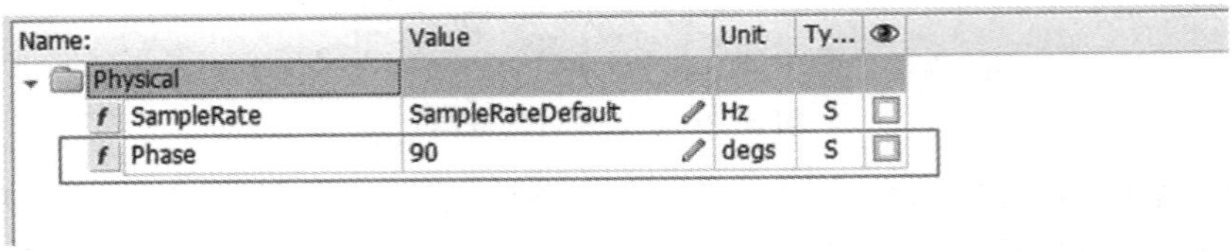

Name:	Value	Unit	Ty...	👁
Physical				
f SampleRate	SampleRateDefault ✎	Hz	S	☐
f Phase	90 ✎	degs	S	☐

图 3 - 96   移相器仿真参数设置

Name:	Value	Unit	Ty...	👁
Physical				
f Attenuation	6 ✎	dB	S	☐
Enhanced				
☰ Active	On ▾ ✎		S	☐

图 3 - 97   衰减器仿真参数设置

3.7.4   电放大器

1. 器件特性

放大器是增加信号幅度或功率的装置。对于线性放大器，输出就是输入信号的复现和增强。对于非线性放大器，输出则与输入信号成一定函数关系。在自动化仪表中晶体管放大器常用于信号的电压放大和电流放大，主要形式有单端放大和推挽放大。器件模型如图 3 - 98 所示。

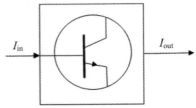

I_{in} I_{out}

Electrical Amplifier

图 3 - 98   电放大器示意框图

假设输入信号为 I_{in}，增益指数为 G，则输出信号为

$$G = 20 \cdot \lg\left(\frac{I_{out}}{I_{in}}\right) \quad\quad (3-35)$$

$$I_{out} = I_{in} \cdot 10^{G/20} + I_{noise} \quad\quad (3-36)$$

2. 仿真参数设置

电放大器仿真参数设置如图 3-99 所示。

Name:	Value	Unit	Type	👁
▾ 📁 Physical				
_f_ Gain	10.0	dB	S	☐
_f_ CurrentNoiseSpectralDensity	10.0e-12	A/Hz^(1/2)	S	☐
▾ 📁 Enhanced				
_i_ RandomNumberSeed	0		S	☐
▤ Active	On		S	☐

图 3-99　电放大器仿真参数设置

（1）增益（Gain）：放大器增益倍数，单位为 dB。

（2）电流噪声比密度（CurrentNoiseSpetralDensity）：输出电流噪声的额外单侧频谱密度。

（3）随机数种子（RandomNumberSeed）：用于噪声生成的随机种子查找索引。值为零时自动使用唯一种子。

（4）活跃状态（Active）：定义模块是否处于活动状态。默认为"On"状态。

3. 器件位置

首先点击主界面菜单栏中的"Resources"选项；然后选择下拉菜单中的"Module Library"以访问器件列表；在模块库中，点击"Electrical Amplifiers"分类，并在其中选择"AmpSysEl"器件，如图 3-100 所示。

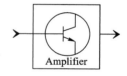

图 3-100　电放大器

3.7.5　电滤波器

1. 器件特性

电滤波器是一种选频装置，可以使信号中特定的频率成分通过，而极大地衰减其他频率成分。

2. 仿真参数

电滤波器的仿真参数如图 3-101 所示。

Name:	Value	Unit	Ty...	👁
▾ 📁 Physical				
▤ FilterType	LowPass		S	☐
▤ TransferFunction	Bessel		S	☐
_f_ Bandwidth	0.75* BitRateDefault	Hz	S	☐
_i_ FilterOrder	4		S	☐
▤ FrequencyAxisScaling	Logarithmic		S	☐
▾ 📁 Enhanced				
▤ ConserveMemory	On		S	☐
▤ Active	On		S	☐
▾ 📁 Visualization				
▤ VisualizationMode	None		S	☐
▤ SaveToFile	Off		S	☐

图 3-101　电滤波器仿真参数设置

（1）滤波器类型（FilterType）：用于选择滤波器类型，包括低通、高通、带通类型等。

（2）传输函数（TransferFunction）：用于选择滤波器传输函数，包括贝塞尔、高斯等函数。

（3）带宽（Bandwidth）：选择滤波器带宽。

（4）滤波器阶数（FilterOrder）：选择滤波器阶数。

（5）频率轴刻度（FrequencyAxisScaling）：选择频率坐标刻度。默认对数型。

（6）内存保存（ConserveMemory）：定义是操作内存保存但较慢，还是内存密集型和较快，一般不进行设置。

（7）活跃状态（Active）：活跃状态默认为"On"。

（8）可视化模式（VisualizationMode）：定义"是否显示模拟结果自动模拟"，或"将结果存储并可以稍后按需求可视化"，或者"根本不生成结果"，默认为"None"。

（9）文件保存（Save ToFile）：定义是否将此滤波器特性参数保存为文件，默认"Off"。

3. 器件位置

首先点击主界面菜单栏中的"Resources"选项；然后选择下拉菜单中的"Module Library"以访问器件列表；在模块库中，点击"Electrical Filters & DSP"分类，并在其中选择"FilterEl"器件，如图 3-102 所示。

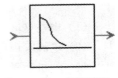

图 3-102　电滤波器

3.7.6　电耦合器（电加法器）

1. 器件特性

电耦合器原理如图 3-103 所示。

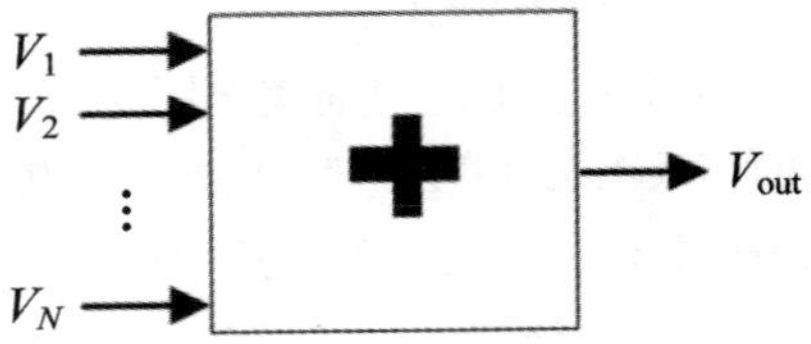

如图 3-103 图所示，电耦合器是将多路信号耦合为一路输出，也称电加法器。输出信号表示为

$$V_{\text{out}} = \sum_{k=1}^{N} V_k \qquad (3-37)$$

图 3-103　电耦器原理框图

其中，V_{out} 表示输出端口的电信号，N 表示输入电信号的个数，V_k 表示第 k 个输入电信号。

2. 器件位置

（1）首先点击主界面菜单栏中的"Resources"选项；然后选择下拉菜单中的"Module Library"以访问器件列表；在模块库中，点击"Electrical Functions"分类，并在其中选择"AddSignalsEl_ N"器件。（电耦合器 a 将一系列电信号直接求和，如图 3-104 所示。）

（2）首先点击主界面菜单栏中的"Resources"选项；然后选择下拉菜单中的"Module Library" 以访问器件列表；在模块库中，点击" Signal Processing Modules"中的"Arithmetics"分类，并在其中选择"Add"器件。（电耦合器 b 将输入的总和作为浮点值输出，如图 3-105 所示。）

图 3-104　电耦合器 a

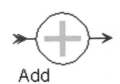

图 3-105　电耦合器 b

（3）首先点击主界面菜单栏中的"Resources"选项；然后选择下拉菜单中的"Module Library"以访问器件列表；在模块库中，点击"Signal Processing Modules"中的"Arithmetics"分类，并在其中选择"AddFix"器件（电耦合器 c 将定点输入的总和作为定点值输出，如图 3-106 所示。）

（4）首先点击主界面菜单栏中的"Resources"选项；然后选择下拉菜单中的"Module Library"以访问器件列表；在模块库中，点击"Signal Processing Modules"中的"Arithmetics"分类，并在其中选择"AddCx"器件。（电耦合器 c 将复数输入的总和作为复数值输出，如图 3-107 所示。）

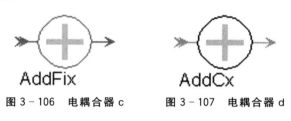

图 3-106　电耦合器 c　　　图 3-107　电耦合器 d

3.8　测 试 类 仪 器

本章将介绍测试类仪器的器件特性、器件位置和仿真参数，涵盖了各种类型的测试仪器，包括但不限于电子测量仪器和光学测量仪器。同时，本章还将探讨各种测试仪器的常见参数以及使用注意事项。

1. 直流电源

1）器件特性

直流电源（DC_Source）以设置的采样率产生恒定幅度的电信号，可以产生电压信号，也可以产生电流信号。主要用于偏置激光器和调制器，使其处于正常工作状态或者不同工作模式。

2）器件位置及模型

首先点击主界面菜单栏中的"Resources"选项；然后选择下拉菜单中的"Module Library"以访问器件列表。在模块库中，点击"Electrical Sources"分类，并在其中选择"DC_Source"器件，如图 3-108 所示。

图 3-108　直流电源模型

3）仿真参数

直流电源的仿真参数如图 3-109 所示。

Name:	Value		Unit	Type	👁
Physical					
Amplitude	0.0	✎	V or A	S	☐
SampleRate	SampleRateDefault	✎	Hz	S	☐
Enhanced					
AddLogicalInfo	Off	▾✎		S	☐
OutputDataType	Blocks	▾✎		S	☐

图 3-109　直流电源参数设置

（1）幅度（Amplitude）：直流输出信号的幅度，单位可以是 V 或 A。

（2）采样率（Sample Rate）：每秒从连续信号中提取并组成离散信号的采样个数，单位为 Hz。

（3）添加逻辑通道（AddLogicalInfo）：定义是否生成一个逻辑通道，在可视化工具和误码率估计器中进行正确的信号分析需要逻辑信息，如果设置为"On"，则会生成一个包含信号源 ID、中心频率和带宽的逻辑信道，一般设置为"Off"。

（4）输出数据类型（OutputDataType）：定义输出数据的类型，可选择 Samples 或"Blocks"，一般使用"Blocks"。

2. 空源

1）器件特性

空源（Null Source）表示任何类型的信号的空源，通常用于为后续模块提供一个空输入，从而终止其未使用的输入端口。该器件没有参数设置选项，无须进行调整。

2）器件位置及模型

首先点击主界面菜单栏中的"Resources"选项；然后选择下拉菜单中的"Module Library"以访问器件列表；在模块库中，点击"Wiring Tools"分类，并在其中选择"NullSource"器件，如图 3－110 所示。

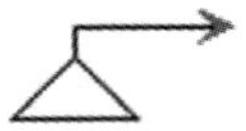

图 3－110　空源模型

3. 接地模块

1）器件特性

接地模块（Ground）用于终止输入信号，也常用于终止其他模块未使用的输出端口。该器件没有参数设置选项，无需进行调整。

2）器件位置及模型

首先点击主界面菜单栏中的"Resources"选项；然后选择下拉菜单中的"Module Library"以访问器件列表；在模块库中，点击"Wiring Tools"分类，并在其中选择"Ground"器件，如图 3－111 所示。

图 3－111　接地模块模型

4. 常量模块

1）器件特性

常量（Const）模块用于输出一个常量信号，使用时直接在参数栏写入其值即可如图 3－112 所示。经常跟扫描工作模式下的 NumericalAnalyzer2D/3D 配合使用。

Name:	Value	Unit	Type	👁
▼ 📁 General				
f level	0.0 ✎		S	☐

图 3－112　常量模块参数设置

2）器件位置及模型

首先点击主界面菜单栏中的"Resources"选项；然后选择下拉菜单中的"Module

Library"以访问器件列表；在模块库中，点击"Math Functions"分类，

并在其中选择"Const"器件，如图 3 - 113 所示。

5. 脉冲信号发生器

图 3 - 113　常量模块模型

1）器件特性

脉冲信号发生器（FuncImpulseEl）能产生一个幅度和周期可调的矩形脉冲，可以用于测试线性系统的瞬态响应，或用作模拟信号来测试多路通信和其他脉冲数字系统的性能，也可以用于测试电滤波器的响应。

2）器件位置及模型

首先点击主界面菜单栏中的"Resources"选项；然后选择下拉菜单中的"Module Library"以访问器件列表；在模块库中，点击"Electrical Sources"分类，并在其中选择"FuncImpulseEl"器件，如图 3 - 114 所示。

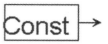

图 3 - 114　脉冲信号
发生器模型

3）仿真参数

脉冲信号发生器的仿真参数如图 3 - 115 所示。

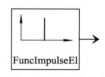

Name:	Value		Unit	Type	👁
▾ 📁 Physical					
f SampleRate	SampleRateDefault	✎	Hz	S	☐
f PulsePosition	0.0	✎	a.u.	S	☐
f Amplitude	1.0	✎	a.u.	S	☐
f Bias	0.0	✎	a.u.	S	☐
▾ 📁 Enhanced					
▤ OutputDataType	Blocks	▾ ✎		S	☐
▤ AddLogicalInfo	Off	▾ ✎		S	☐
▤ Active	On	▾ ✎		S	☐

图 3 - 115　脉冲信号发生器参数设置

（1）采样率（Sample Rate）：每秒从连续信号中提取并组成离散信号的采样个数，单位为 Hz。

（2）脉冲位置（PulsePosition）：脉冲信号到仿真时间窗口的相对位置。

（3）幅度（Amplitude）：脉冲信号的幅度。

（4）偏置（Bias）：脉冲信号的直流偏移量。若改变该值，从时域波形上来看会整体上下平移。

（5）输出数据类型（OutputDataType）：定义输出数据的类型，可选择"Samples"或"Blocks"，一般使用"Blocks"。

（6）添加逻辑信道（AddLogicalInfo）：定义是否生成一个逻辑通道，在可视化工具和误码率估计器中进行正确的信号分析需要逻辑信息，如果设置为"On"，则会生成一个包含信号源 ID、中心频率和带宽的逻辑信道。一般设置为"Off"。

（7）活跃状态（Active）：定义模块是否处于活动状态，默认"On"状态。

6. 正弦信号发生器

1）器件特性

正弦信号发生器（FuncSineEl）可以生成任意幅度和初始相位的正弦信号，主要用于测

量链路和系统的频率特性、非线性失真、增益及灵敏度等。

2）器件位置及模型

首先点击主界面菜单栏中的"Resources"选项；然后选择下拉菜单中的"Module Library"以访问器件列表；在模块库中，点击"Electrical Sources"分类，并在其中选择"FuncSineEl"器件，如图3-116所示。

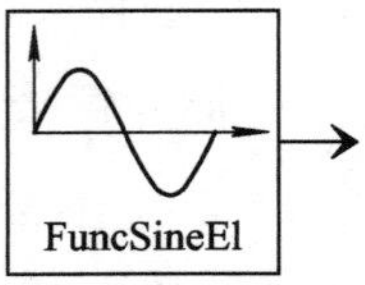

图3-116　正弦信号发生器模型

3）仿真参数

正弦信号发生器的仿真参数如图3-117所示。

Name:	Value		Unit	Type	👁
Physical					
f SampleRate	SampleRateDefault	✎	Hz	S	☐
f Amplitude	1.0	✎	a.u.	S	☐
f Frequency	1e8	✎	Hz	S	☐
f Phase	0.0	✎	deg	S	☐
f Bias	0.0	✎	a.u.	S	☐
Enhanced					
☰ AddLogicalInfo	Off	▾ ✎		S	☐
☰ OutputDataType	Blocks	▾ ✎		S	☐
☰ Active	On	▾ ✎		S	☐

图3-117　正弦信号发生器参数设置

（1）采样率（Sample Rate）：每秒从连续信号中提取并组成离散信号的采样个数，单位为Hz。

（2）幅度（Amplitude）：正弦信号的峰值幅度。

（3）频率（Frequency）：正弦信号的频率。

（4）相位（Phase）：正弦信号的初始相位。

（5）偏置（Bias）：正弦信号的直流偏移量。

（6）添加逻辑信道（AddLogicalInfo）：定义是否生成一个逻辑通道，在可视化工具和误码率估计器中进行正确的信号分析需要逻辑信息，如果设置为"On"，则会生成一个包含信号源ID、中心频率和带宽的逻辑信道，一般设置为"Off"。

（7）输出数据类型（OutputDataType）：定义输出数据的类型，可选择"Samples"或"Blocks"。一般使用"Blocks"。

（8）活跃状态（Active）：定义模块是否处于活动状态，默认使用"On"状态。

7. 光功率计

1）器件特性

光功率计（Powermeter）用于测量链路的平均光功率。

2）器件位置及模型

首先点击主界面菜单栏中的"Resources"选项；然后选择下拉菜单中的"Module Library"以访问器件列表；在模块库中，点击"Instrumentation"分类，并在其中选择"Powermeter"器件，如图3-118所示。

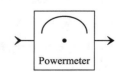

图3-118　光功率计模型

3）仿真参数

光功率计的仿真参数如图 3 - 119 所示。

Name:	Value			Unit	Type	👁
▼ 📁 Physical						
▤ LimitBandwidth	On	▼ 🖉			S	☐
f CenterFrequency	193.1e12	🖉		Hz	S	☐
f Bandwidth	100.0e9	🖉		Hz	S	☐
▼ 📁 Enhanced						
▤ IncludeSampledSignals	On	▼ 🖉			S	☐
▤ IncludeParameterizedSignals	On	▼ 🖉			S	☐
▤ IncludeNoiseBins	On	▼ 🖉			S	☐
▤ MeasMode	TOTAL	▼ 🖉			S	☐
▤ PolarizFilter	None	▼ 🖉			S	☐
▤ OutputUnits	watts_W	▼ 🖉			S	☐

图 3 - 119　光功率计参数设置

（1）限制带宽（LimitBandwidth）：选择在测量信号功率中是否要限制信号的带宽，此过程通过具有矩形传输特性的光学滤波器来实现。

（2）中心频率（CenterFrequency）：带宽限制滤波器的中心频率。

（3）带宽（Bandwidth）：带宽限制滤波器的带宽。

（4）是否包括采样信息（IncludeSampledSignals）：指定在功率计算时是否要包括采样频段的信息，默认使用"On"状态。

（5）是否包括参数化信号（IncludeParameterizedSignals）：指定功率计算中是否包括参数化信号（仅当 MeasMode 选择为"TOTAL"时才选择"On"状态）。

（6）是否包括噪声信号（IncludeNoiseBins）：指定功率计算中是否包括噪声信号，默认使用"On"状态。

（7）测量模式（MeasMode）：分为 TOTAL 和 PIN 两类模式，TOTAL 分别检测采样信号、参数化信号、噪声信号中的功率，然后对它们求和（内存效率）；PIN 仅计算光电二极管模块中考虑的信号分量的功率，忽略参数化信号。一般使用默认设置"TOTAL"模式。

（8）添加偏振滤光片（PolarizFilter）：在功率检波器之前放置一个偏振滤光片（X 或 Y），一般使用默认设置"None"。

（9）输出单位（OutputUnits）：选择输出数据的表示单位，常使用 watts_W 或 dBm 作为单位。

8. 电功率计

1）器件特性

电功率计（PowerMeterEl）用于计算电信号的平均功率。在使用过程中，一侧需要接地。

2）器件位置及模型

首先点击主界面菜单栏中的"Resources"选项；然后选择下拉菜单中的"Module Library"以访问器件列表；在模块库中，点击"Instrumentation"分类，并在其中选择"PowerMeterEl"器件，如图 3 - 120 所示。

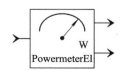

图 3 - 120　电功率计模型

3）仿真参数

电功率计的仿真参数如图 3-121 所示。

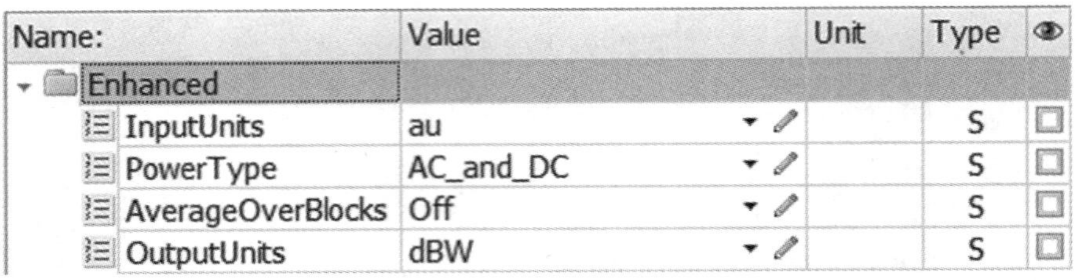

Name:	Value		Unit	Type	👁
▾ 📁 Enhanced					
🎛 InputUnits	au	▾ ✎		S	☐
🎛 PowerType	AC_and_DC	▾ ✎		S	☐
🎛 AverageOverBlocks	Off	▾ ✎		S	☐
🎛 OutputUnits	dBW	▾ ✎		S	☐

图 3-121　电功率计参数设置

（1）输入单位（InputUnits）：输入信号的表示单位，可以选择原子单位（au）、伏特（volts）或安培（amps）。

（2）电源类型（PowerType）：选择计算输出功率时所包含的频谱分量，可选择交流和直流（AC_ and _DC），也可以选择交流（AC_ or _DC）。

（3）平均超块（AverageOverBlocks）：当选择为"Off"模式时，单独计算每个块的平均值；当选择为 Adiabatic 和 Accumulation 时，累积计算迄今为止所收到的块的值，在后一种情况下，计算交流功率时，前者只计算被单独计算平均值的交流信号，后者则计算其接受到的所块的平均值。一般默认使用"Off"状态。

（4）输出单位（OutputUnits）：输出数据的表示单位，常用 dBW 和 dBm。

9. 星座分析工具

1）器件特性

星座分析工具（Constellation Analysis Tool）主要用于星座图的显示，它可以显示和分析具有正交调制特性的电信号和光信号。星座图是目前数字调制的一个基本概念。在数字通信中，要将数字信号发送出去，一般不会直接发 0 或者 1，而是先将 0、1 信号（bit）按照一个或者几个组成一组，如每两个 bit 组成一组，即有 00、01、10、11 总共 4 种状态；如果每 3 个 bit 一组的话则是 8 种状态，依次类推。此时可以选择 QPSK（四相位调制，对应前面 00、01、10、11 四种状态）。Q、P、S、K 四个点组成一个 QPSK 的星座图，每个点与相邻的点相差 90 度，而幅度是相同的。这样，一个星座点对应一个调制符号，每发送一个调制符号，其信息量是发送一个 bit 的 2 倍，从而提高传输速率；而 QPSK 信号接收解调的时候，则是根据接收信号与星座图上 4 个点的距离（一般称为欧式距离）来判断发送的是哪个信号，如果离 00 点最近，则判为 00，否则判为其他点。因此星座图的作用主要是在调制时用于映射（比如 QPSK、16QAM、64QAM 等），而接收时用于判断发送的到底是哪个点，从而正确解调数据。

星座图（Constellation Diagram）有助于定义信号元素的振幅和相位，尤其当我们使用两个载波（一个同相，而另一个正交）时。在星座图中，点到原点的距离代表的物理含义是这个点对应信号的能量，离原点越远，意味着此信号能量越大。相邻两个点的距离称为欧氏距离，表示的是这种调制所具有的抗噪声性能，欧氏距离越大，抗噪声性能越好。

2）器件位置及模型

首先点击主界面菜单栏中的"Resources"选项；然后选择下拉菜单中的"Module Library"以访问器件列表；在模块库中，点击"Analyzers"分类，并在其中选择"CAT"器件。星座分析工具模型如图 3-122 所示。

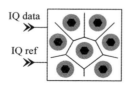

图 3-122　星座分析工具模型

3）仿真参数

星座分析工具的仿真参数如图 3-123 所示。

Name:	Value		Unit	Type	👁
General					
InputType	Optical	▾ 🖉		S	☐
ReferenceType	Optical	▾ 🖉		S	☐
SignalType	2D	▾ 🖉		S	☐
SymbolRate	BitRateDefault	🖉	Baud	S	☐
SymbolAlphabetLength	2	🖉		S	☐
SymbolDistanceThreshold	0.1	🖉		S	☐
ClockRecovery	Off	▾ 🖉		S	☐
Enhanced					
IgnoreSymbols	No	▾ 🖉		S	☐
SettingsSource	AnalyzerFile	▾ 🖉		S	☐
AnalyzerMode	StartAutomatically	▾ 🖉		S	☐
Active	On	▾ 🖉		S	☐

图 3-123　星座分析工具参数设置

（1）输入类型（InputType）：定义输入信号的类型，可以选择电信号（Electrical）也可以选择光信号（Optical）。

（2）参考类型（ReferenceType）：定义一个用来读取或派生逻辑传输符号的源。可以选择逻辑信号（LogicInfo）、光信号（Optical）和电信号（Electrical）。

（3）信号类型（SignalType）：指定要分析的信号是单极化（2D）还是四维（4D）。

（4）符号速率（SymbolRate）：符号序列的符号速率，即数据传输的速率，与信号的比特率及信道参数有关。

（5）符号字母长度（SymbolAlphabetLength）：传输符号序列的字母长度，用于从参考输入端口的信号中派生逻辑符号，通常 SymbolAlphabetLength 等于 2~BitsPerSymbol。

（6）符号距离阈值（SymbolDistanceThreshold）：指定符号之间的最小欧几里得距离，用于从参考输入信号导出逻辑符号，一般使用默认值即可。

（7）恢复时钟（ClockRecovery）：指定是否应激活内部时钟恢复。

（8）忽略符号（IgnoreSymbols）：允许在分析中忽略一组连续的符号，当选择"No"时，不忽略任何符号；当选择"ApplyOnce"时，在多块运行中仅忽略一次符号；当选择"Repeat"时，忽略多块运行的每个块中的符号。

（9）设置源（SettingsSource）：定义分析器设置的源，如果选择"AnalyzerFile"，则应用以前保存在 AnalyzerFile 文件中的设置（AnalyzerFile 文件位于"Outputs"文件夹中，扩展名"vpa"）；如果选择了"SettingsString"，则应用的设置将由设置的参数指定；如果选择了"SettingsFile"，则设置由 ASCII 输入文件"设置文件"指定。在后两种情况下，都允许将上述参数与参数 AnalyzerMode，InitialAnalysisType 和 Title 组合在一起。

（10）分析器模式（AnalyzerMode）：定义模拟结果是在模拟自动完成后显示（StartAutomatically）还是存储并在以后按需求可视化（StartOnDemand）。

（11）活跃状态（Active）：定义模块是否处于活动状态，默认使用"On"状态。

10. 数字分析仪

1）器件特性

数字分析仪（NumericalAnalyzer）作为 VPI 光子分析器工具的接口，用于数值数据分析，包括 1D、2D、3D 三种类型。一维数值分析仪是数值数据的单输入分析仪，可以将数据显示为 X/Y 图或数值工作表。在 X/Y 模式下，点数用作点的 x 坐标，x 坐标始终为 1、2、3 等；二维数值分析仪也可以将数据显示为 X/Y 图和数字工作表，两个输入量分别作为 X/Y 图的 x 坐标和 y 坐标；三维数字分析仪可以将数据显示为三维 X/Y/Z 图、等高线图、密度图和数字工作表。

2）器件位置及模型

首先点击主界面菜单栏中的"Resources"选项；然后选择下拉菜单中的"Module Library"以访问器件列表；在模块库中，点击"Analyzers"分类，并在其中选择"Numerical Analyzer1D"器件，如图 3-124 所示。

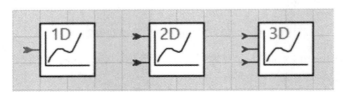

图 3-124　数字分析仪模型（1D、2D、3D）

3）仿真参数

数字分析仪的仿真参数如图 3-125 所示。

Name:	Value	Unit	Type	👁
▼ 📁 Enhanced				
📇 SettingsSource	AnalyzerFile ▼ 🖉		S	☐
📇 AnalyzerMode	StartAutomatically ▼ 🖉		S	☐
📇 Active	On ▼ 🖉		S	☐

图 3-125　一维数字分析仪参数设置

（1）设置源（SettingsSource）：定义分析器设置的源。如果选择"AnalyzerFile"，则应用以前保存在"AnalyzerFile"文件中的设置（AnalyzerFile 文件位于"Outputs"文件夹中，扩展名"vpa"）；如果选择了"SettingsString"，则应用的设置将由设置的参数指定；如果选择了

"SettingsFile",则设置由 ASCII 输入文件"设置文件"指定。在后两种情况下,都允许将上述参数与参数 AnalyzerMode,InitialAnalysisType 和 Title 组合在一起。

（2）分析器模式（AnalyzerMode）：定义模拟结果是在模拟自动完成后显示（StartAutomatically），还是存储并在以后按需求可视化（StartOnDemand）。

（3）活跃状态（Active）：定义模块是否处于活动状态。默认使用 On 状态。

上述参数一般不需要调整,二维和三维与之类似,不作赘述。

11. 信号分析仪

1）器件特性

信号分析仪（SignalAnalyzer）作为 VPI 光子分析器工具的接口,用于显示和分析电信号和光信号,是一个具有多种分析功能的工具,可以用作光谱分析仪、光学和电学示波器、射频频谱分析仪、眼图分析仪和 BER 估计器。

2）器件位置及模型

首先点击主界面菜单栏中的"Resources"选项；然后选择下拉菜单中的"Module Library"以访问器件列表；在模块库中,点击"Analyzers"分类,并在其中选择"SignalAnalyzer"器件,如图 3 - 126 所示。

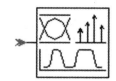

图 3 - 126　信号分析仪模型

3）仿真参数

信号分析仪的仿真参数如图 3 - 127 所示。

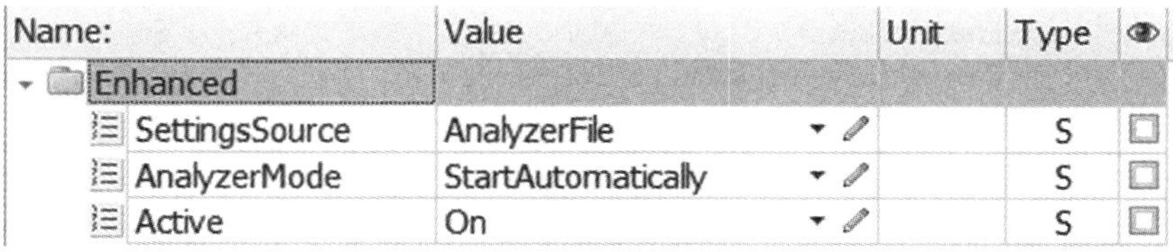

Name:	Value		Unit	Type	👁
▾ 🗀 Enhanced					
☰ SettingsSource	AnalyzerFile	▾ ✎		S	☐
☰ AnalyzerMode	StartAutomatically	▾ ✎		S	☐
☰ Active	On	▾ ✎		S	☐

图 3 - 127　信号分析仪参数设置

一般不需要调整参数。分析仪的设置可以在仿真运行之前或之后进行定义,把"SettingsSource"一栏选则为"SettingsString"之后,在"InitialAnalysisType"栏即可选择分析仪不同功能对应的模式（如图 3 - 128 所示 ）,诸如光谱分析（Spectrum）、眼图分析（Eye）、示波器（Scope）等。

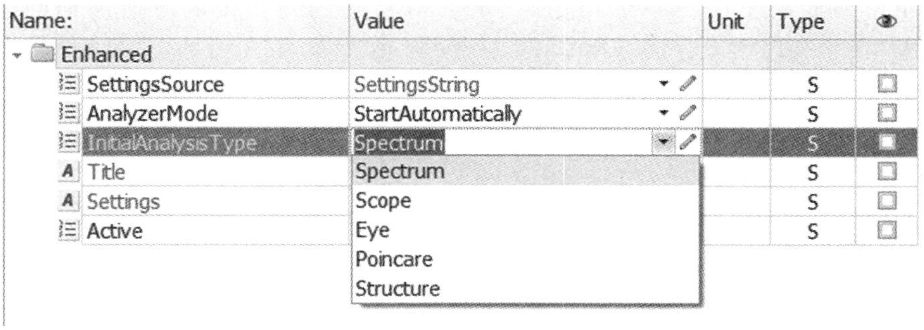

Name:	Value		Unit	Type	👁
▾ 🗀 Enhanced					
☰ SettingsSource	SettingsString	▾ ✎		S	☐
☰ AnalyzerMode	StartAutomatically	▾ ✎		S	☐
☰ InitialAnalysisType	Spectrum	▾ ✎		S	☐
A Title	Spectrum			S	☐
A Settings	Scope			S	☐
☰ Active	Eye			S	☐
	Poincare				
	Structure				

图 3 - 128　选择信号分析仪分析类型

12. 双端口信号分析仪（Samples 型）

1）器件特性

双端口信号分析仪（TwoPortAnalyzer）用于分析输入的电信号，可以提供其幅度和相位的信息，常用来测量非线性器件的输出信号中的三阶交调分量。三阶交调是指在非线性器件的输入端加等幅不同频率的双音信号时，由于器件的非线性，会在器件的输出信号中产生三阶交调分量的现象。

2）器件位置及模型

首先点击主界面菜单栏中的"Resources"选项；然后选择下拉菜单中的"Module Library"以访问器件列表；在模块库中，点击"Instrumentation"分类，并在其中选择"TwoPortAnalyzer"器件，如图 3-129 所示。

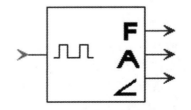

图 3-129　双端口信号分析仪模型

3）仿真参数

双端口信号分析仪的仿真参数如图 3-130 所示。

Name:	Value		Unit	Type	👁
▾ 📁 Physical					
f DetectionFrequency	2.5e9	🖉	Hz	S	☐
f CompensatingTimeDelay	0.0	🖉	s	S	☐
f MagnitudeScalingFactor	1.0	🖉		S	☐
f MagnitudeOffset	0.0	🖉	a.u.	S	☐
f PhaseScalingFactor	1.0	🖉		S	☐
f PhaseOffset	0.0	🖉	a.u.	S	☐
f FrequencyScalingFactor	1.0	🖉		S	☐
f StartAfterTime	0.0	🖉	s	S	☐

图 3-130　双端口信号分析仪参数设置

（1）检测频率（DetectionFrequency）：所要同步检测的电信号的频率。

（2）时间补偿延迟（CompensatingTimeDelay）：添加一定的延迟以补偿系统中的固定延迟。

（3）幅度缩放因子（MagnitudeScalingFactor）：对检测到的幅度响应所添加的缩放比例系数。

（4）幅度偏移（MagnitudeOffset）：向检测到的幅度响应添加的偏移量。

（5）相位缩放因子（PhaseScalingFactor）：对检测到的相位响应所添加的缩放比例系数。

（6）相位偏移（PhaseOffset）：向检测到的相位响应添加的偏移量。

（7）频率缩放因子（FrequencyScalingFactor）：对检测到的频率所添加的缩放比例系数。

（8）开始时间（StartAfterTime）：在此时间之后开始检测以便舍弃瞬时突变值。

13. 双端口信号分析仪（Blocks 型）

1）器件特性

双端口信号分析仪（TwoPortAnalyzer）用于对电信号进行同步检测，以识别输入信号的单个频率分量的相位和幅度。常用于测量系统的相位和幅度响应特性。此模型专为周期信号而设计，同时，检测频率是 1/TimeWindow 的整数倍。

2）器件位置及模型

首先点击主界面菜单栏中的"Resources"选项；然后选择下拉菜单中的"Module Library"以访问器件列表；在模块库中，点击"Instrumentation"分类，并在其中选择"TwoPortAnalyzerEI"器件，如图 3 - 131 所示。

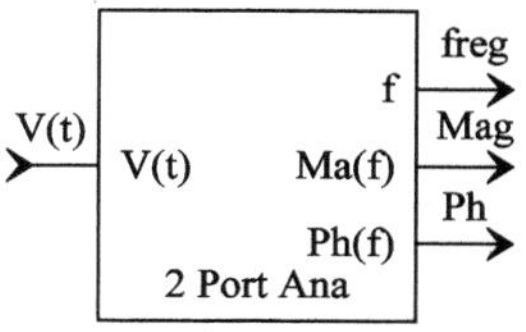

图 3 - 131 双端口信号分析仪模型

3）仿真参数

双端口信号分析仪的仿真参数如图 3 - 132 所示。

Name:	Value	Unit	Type	👁
📁 Physical				
f SampleRate	SampleRateDefault ✏	Hz	S	☐
f DetectionFrequency	8/TimeWindow ✏	Hz	S	☐

图 3 - 132 双端口信号分析仪参数设置

（1）采样率（SampleRate）：每秒从连续信号中提取并组成离散信号的采样个数，单位为 Hz。通常不用调整，使用系统默认值。

（2）同步检测频率（DetectionFrequency）：所需要同步检测的信号的频率，其值是 1/TimeWindow 的整数倍。

14. 伪随机二进制序列生成器

1）器件特性

PRBS 用于生成多种类型的伪随机数据序列。PRBS 是 Pseudo Random Binary Sequence 的缩写，即"伪随机二进制序列"的意思。PRBS 码具有"随机"特性，是因为在 PRBS 码流中，二进制数"0"和"1"是随机出现的，但是它又和真正意义上的随机码不同，这种"随机"特性只是局部的，即在周期内部，"0"和"1"是随机出现的（码流生成函数与初始码确定后，码流的顺序也是固定的），但各个周期中的码流却是完全相同的，所以我们称其为伪随机码。对于 n 阶 PRBS 码，每个周期的序列长度为 2^{n-1}，在每个周期内，"0"和"1"是随机分布的，并且"1"的个数较"0"的个数多一个，连"1"的最大数目为 n，连"0"的最大数目为 $n-1$（反转后就是 $n-1$ 个连"1"和 n 个连"0"）。

2）器件位置及模型

首先点击主界面菜单栏中的"Resources"选项；然后选择下拉菜单中的"Module Library"以访问器件列表；在模块库中，点击"Information&Coding"分类，并在其中选择"PRBS"器件，如图 3 - 133 所示。

图 3 - 133 PRBS 参数模型

3）仿真参数

伪随机二进制序列生成器的仿真参数如图 3 - 134 所示。

Name:	Value		Unit	Type	👁
▾ 📁 Physical					
f BitRate	BitRateDefault	🖉	bit/s	S	☐
i PreSpaces	1	🖉		S	☐
i PostSpaces	1	🖉		S	☐
☰ PRBS_Type	PRBS	▾ 🖉		S	☐
f MarkProbability	0.5	🖉		S	☐
▾ 📁 Enhanced					
☰ OutputFilename	⋯	🖉		S	☐
☰ ControlFlagReset	Continue	▾ 🖉		S	☐
☰ ControlFlagWrite	Overwrite	▾ 🖉		S	☐
i RandomNumberSeed	0	🖉		S	☐

图 3-134　PRBS 参数设置

（1）比特率（BitRate）：系统的比特率，单位时间内传送的比特（bit）数，单位为 bit/s。

（2）预空间（PreSpaces）：生成的序列之前的零位数。

（3）后空间（PostSpaces）：生成序列的零位数。

（4）PRBS 类型（PRBS_Type）：定义二进制序列的类型。

（5）标记概率（MarkProbability）：序列中标记"1"的概率。

（6）输出文件名（OutputFilename）：保存使用的位序列的文件名称。

（7）重置控件标志（ControlFlagReset）：定义模块在重复调用时的行为，可以选择"Continue"和"Reset"，一般默认使用"Continue"。

（8）控件标志写入（ControlFlagWrite）：指定由"output"文件指定的文件的模式。

（9）随机数种子（RandomNumberSeed）：用于生成噪声的随机种子查找索引。值为 0 时自动使用唯一的种子，一般使用默认值"0"。

15. MQAM 编码器

1）器件特性

MQAM 编码器（Coder_MQAM）用于进行 MQAM（Multiple Quadrature Amplitude Modulation）多进制正交幅度调制，它是一种在大容量数字微波通信系统中大量使用的载波控制方式。

QAM（Quadrature Amplitude Modulation）就是用两个调制信号对频率相同、相位正交的两个载波进行调幅，然后将已调信号加在一起进行传输或发射。QAM 也可用于数字调制。数字 QAM 有 4QAM、8QAM、16QAM、32QAM 等调制方式。以 16QAM 为例，作为调制信号的输入二进制数据流经过串—并变换后变成四路并行数据流。这四路数据两两结合，分别进入两个电平转换器，转换成两路 4 电平数据。例如，00 转换成 -3，01 转换成 -1，10 转换成 1，11 转换成 3。这两路 4 电平数据 $X(t)$ 和 $Y(t)$ 分别对载波 $\cos 2\pi ft$ 和 $\sin 2\pi ft$ 进行调制，然后相加，即可得到 16QAM 信号，如图 3-135、图 3-136 所示。

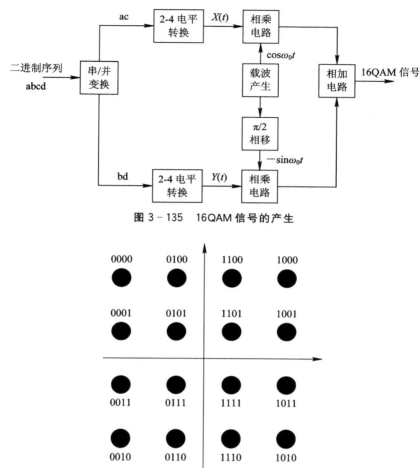

图 3 - 135　16QAM 信号的产生

图 3 - 136　16QAM 信号的星座图

2）器件位置及模型

首先点击主界面菜单栏中的"Resources"选项；然后选择
下拉菜单中的"Module Library"以访问器件列表；在模块库
中，点击"Information&Coding"分类，并在其中选择"Coder_
MQAM"器件，如图 3 - 137 所示。

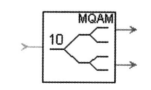

图 3 - 137　MQAM 编码器模型

3）仿真参数

MQAM 编码器的仿真参数如图 3 - 138 所示。

Name:	Value		Unit	Type	👁
▾ 📁 General					
f BitRate	BitRateQAM	✎	bit/s	S	☐
f SampleRate	SampleRateQAM	✎	Hz	S	☐
i BitsPerSymbol	BitsPerSymbolQAM	✎	a.u	S	☐
f PulseLengthRatio	0.0001	✎		S	☐

图 3 - 138　MQAM 编码器参数设置

（1）比特率（BitRate）：单位时间内传送的比特（bit）数，单位为 bit/s。

（2）采样率（SampleRate）：每秒从连续信号中提取并组成离散信号的采样个数，单位为 Hz。

（3）每符号比特数（BitsPerSymbol）：对每个符号进行编码的位数。

（4）脉冲长度比（PulseLengthRatio）：脉冲持续时间除以符号持续时间。

16. MQAM 译码器

1）器件特性

MQAM 译码器（Decoder_MQAM）将多级同相或正交相位的符号序列解码为二进制位序列，如图 3 - 139 所示。

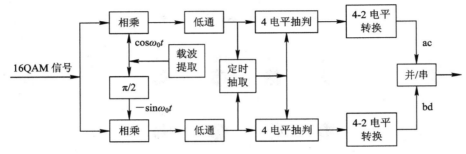

图 3 - 139　16QAM 信号解调

2）器件位置及模型

首先点击主界面菜单栏中的"Resources"选项；然后选择下拉菜单中的"Module Library"以访问器件列表；在模块库中，点击"Information&Coding"分类，并在其中选择"Decoder_MQAM"器件，如图 3 - 140 所示。

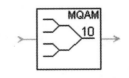

图 3 - 140　MQAM 译码器模型

3）仿真参数

MQAM 译码器的仿真参数如图 3 - 141 所示。

Name:	Value	Unit	Type	👁
▾ 📁 General				
_f_ SymbolRate	BitRateQAM/BitsPerSymbolQAM ✏	bit/s	S	☐
_i_ BitsPerSymbol	BitsPerSymbolQAM ✏		S	☐

图 3 - 141　MQAM 译码器参数设置

（1）采样率（SampleRate）：每秒从连续信号中提取并组成离散信号的采样个数，单位为 Hz。

（2）每符号比特数（BitsPerSymbol）：对每个符号进行编码的位数。

17. OFDM 编码器

1）器件特性

正交频分复用（Orthogonal Frequency Division Multiplexing，OFDM）技术是一种多载波调制方式，其基本原理是将信号分割为 N 个子信号，然后用 N 个子信号分别调制 N 个相互正交的子载波。由于子载波的频谱相互重叠，因而可以得到较高的频谱效率。它的调制和解调是分别基于 IFFT 和 FFT 来实现的，是实现复杂度最低、应用最广的一种多载波传输方案。

OFDM 编码器（Coder_OFDM）用于生成对应于 OFDM 信号的实部和虚部的电信号，其时域图如图 3 - 142 所示。

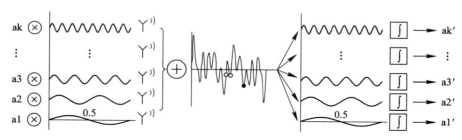

图 3 - 142　OFDM 时域示意图

2) 器件位置及模型

首先点击主界面菜单栏中的"Resources"选项；然后选择下拉菜单中的"Module Library"以访问器件列表；在模块库中，点击"Information & Coding"分类，并在其中选择"Coder_OFDM"器件，如图 3 - 143 所示。

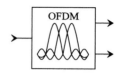

图 3 - 143　OFDM 编码器模型

3) 仿真参数

OFDM 编码器的仿真参数如图 3 - 144 所示。

Name:	Value		Unit	Type	👁
▾ 📁 OFDM					
f BaudRate	SymbolRate	🖉	Bd	S	☐
f SampleRate	SampleRateDefault	🖉	Hz	S	☐
i NumberOfCarriers	16	🖉		S	☐
f CyclicPrefix	0	🖉		S	☐
[f] PowerLoading	1 1	🖉		S	☐
[i] PilotTones		🖉		S	☐
[c] PilotTonesWord	(1,0)	🖉		S	☐
[i] TurnOffCarriers		🖉		S	☐
▸ 📁 Subcarrier Modulation					
▸ 📁 DSP					
▸ 📁 Normalization					
▸ 📁 Clipping					
▸ 📁 Quantization					
▸ 📁 Enhanced					

图 3 - 144　OFDM 编码器参数设置

（1）波特率（BaudRate）：波特（Baud）即调制速率，指的是有效数据信号调制载波的速率，波特率即单位时间内载波调制状态变化的次数。

（2）采样率（SampleRate）：每秒从连续信号中提取并组成离散信号的采样个数，单位为 Hz。

（3）OFDM 载波数量（NumberOfCarriers）：相互正交的载波数量。

（4）循环前缀长度（CyclicPrefix）：为了消除符号间干扰（ISl），在符号间插入的保护间隔长度。当循环前缀的长度大于或等于信道冲击响应长度时，可以有效地消除 ISI 和 ICI（子载波之间的干扰）。

（5）电源负载（PowerLoading）：每个子载波中星座振幅的比例因子，当阵列的长度小于子载波数时，将插入值。

（6）关闭载波（TurnOffCarriers）：要关闭的子载波的索引。

18. OFDM 译码器

1）器件特性

OFDM 译码器（Decoder_OFDM）用于解码 Coder_OFDM 模块生成的 OFDM 信号。

2）器件位置及模型

首先点击主界面菜单栏中的"Resources"选项；然后选择下拉菜单中的"Module Library"以访问器件列表；在模块库中，点击"Information&Coding"分类，并在其中选择"Decoder_OFDM"器件，如图 3 – 145 所示。

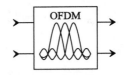

图 3 – 145　OFDM 译码器模型

3）仿真参数

OFDM 译码器的仿真参数如图 3 – 146 所示。

Name:	Value		Unit	Type	👁
▾ 📁 OFDM					
f BaudRate	SymbolRate	✎	Bd	S	☐
f SampleRate	SampleRateDefault	✎	Hz	S	☐
f SampleTime	0	✎		S	☐
i NumberOfCarriers	16	✎		S	☐
f CyclicPrefix	0	✎		S	☐
[i] PilotTones		✎		S	☐
≣ SavePilotTones	Off	▾ ✎		S	☐
≣ RemovePilotTones	Yes	▾ ✎		S	☐
▸ 📁 DSP					
▸ 📁 Quantization					
▸ 📁 Enhanced					

图 3 – 146　OFDM 译码器参数设置

（1）波特率（BaudRate）：波特（Baud）即调制速率，指的是有效数据信号调制载波的速率，波特率即单位时间内载波调制状态变化的次数。

（2）采样率（SampleRate）：每秒从连续信号中提取并组成离散信号的采样个数，单位为 Hz。

（3）采样时间（SampleTime）：输入信号采样的时间时刻。

（4）OFDM 载波数量（NumberOfCarriers）：相互正交的载波数量。

（5）循环前缀长度（CyclicPrefix）：为了消除符号间干扰（ISl），在符号间插入的保护间隔长度。当循环前缀的长度大于或等于信道冲击响应长度时，可以有效地消除 ISI 和 ICI（子载波之间的干扰）。

（6）保存导频音信号（SavePilotTones）：指定是否应将导频音信号保存到文件中，一般使用默认值"Off"。

（7）删除导频音信号（RemovePilotTones）：指定是否应从输出信号中删除导频音符号。

19. MQAM 发送机

1）器件特性

MQAM 发送机（Tx_El-mQAM）用于模拟经典的 M-QAM 发射器，可以在给定载波频率的条件下，产生一个上变频的电 M-QAM 信号。如图 3-147 所述，Coder_MQAM 模块根据 PRBS 模块提供的二进制序列生成同相（I）和正交（Q）两路 M-QAM 编码符号。生成后，I 和 Q 两路信号分别通过乘以 $\cos(2\pi ft + \varphi)$ 和 $\sin(2\pi ft + \varphi)$ 通过积化和差可以转化为上变频信号，并通过添加两个电信号映射到复域中，从而生成所需要的上变频的电 MQAM 信号。MQAM 发射机内部器件如图 3-148 所示。

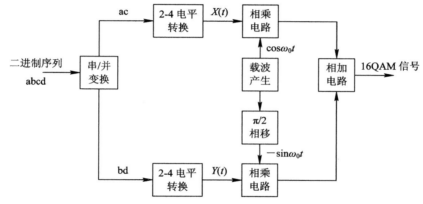

图 3-147　16QAM 信号的产生

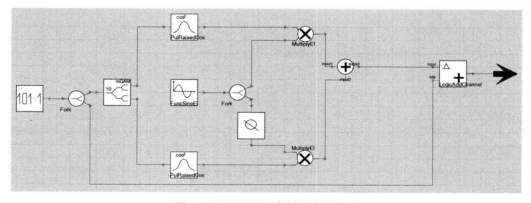

图 3-148　MQAM 发射机内部器件

2）器件位置及模型

首先点击主界面菜单栏中的"Resources"选项；然后选择下拉菜单中的"Module Library"以访问器件列表；在模块库中，点击"Transmitters"分类，并在其中选择"Tx_EI-MQAM"器件，如图 3-149 所示。

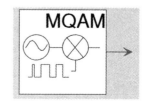

图 3-149　MQAM 发射机模型

3）仿真参数

MQAM 发送机的仿真参数如图 3-150 所示。

Name:	Value		Unit	Type	👁
▼ 📁 Physical					
f SampleRate	SampleRateDefault	🖉	Hz	S	☐
f BitRate	BitRateDefault	🖉	bit/s	S	☐
A ChannelLabel	QAM_ch1	🖉		S	☐
▼ 📁 QAM Signal					
i BitsPerSymbolQAM	4	🖉	a.u	S	☐
f CarrierFrequency	100e6	🖉	Hz	S	☐
f PhaseShift	90	🖉	deg	S	☐
▼ 📁 Filter					
☰ NyquistResponse	squareRootRaisedCosine	▼ 🖉		S	☐
f RollOff	0.18	🖉	a.u	S	☐
f PulseLengthRatio	0.0001	🖉		S	☐
▼ 📁 PRBS Generator					
☰ PRBS_Type	PRBS	▼ 🖉		S	☐
i PreSpaces	1	🖉		S	☐
i PostSpaces	1	🖉		S	☐
i RandomNumberSeed	1	🖉		S	☐
f MarkProbability	0.5	🖉		S	☐
▼ 📁 Enhanced					
☰ OutputFilename		⋯ 🖉		S	☐
☰ ControlFlagReset	Continue	▼ 🖉		S	☐
☰ ControlFlagWrite	Overwrite	▼ 🖉		S	☐

图 3-150　MQAM 发射机参数设置

（1）采样率（SampleRate）：每秒从连续信号中提取并组成离散信号的采样个数，单位为 Hz。

（2）比特率（BitRate）：单位时间内传送的比特（bit）数，单位为 bit/s。

（3）通道标签（ChannelLabel）：生成的逻辑通道的标签。

（4）每符号比特数（BitsPerSymbolQAM）：对每个符号进行编码的位数。

（5）载波频率（CarrierFrequency）：载波的频率，单位为赫兹。

（6）相位偏移（PhaseShift）：添加 90°的相位偏移，形成正交信号，一般不用改变。

（7）奈奎斯特回应（NyquistResponse）：QAM 编码器的奈奎斯特响应类型。可以选择升余弦型（raisedCosine），也可以选择根生余弦型（squareRootRaisedCosine）。

（8）滚降系数（RollOff）：QAM 编码器的滤波器滚降系数，滚降系数，取值 0～1 之间，决定频宽和陡峭程度（值越大频带越窄，越陡峭）。

（9）脉冲长度比（PulseLengthRatio）：脉冲持续时间除以符号持续时间。

（10）PRBS 类型（PRBS_Type）：定义二进制序列的类型。

（11）预空间（PreSpaces）：生成的序列之前的零位数。

（12）后空间（PostSpaces）：生成序列的零位数。

（13）随机数种子（RandomNumberSeed）：用于生成噪声的随机种子查找索引。值为 0 时自动使用唯一的种子，一般使用默认值"0"。

（14）标记概率（MarkProbability）：序列中标记 1 的概率。

（15）输出文件名（OutputFilename）：保存使用的位序列的文件名称。

（16）重置控件标志（ControlFlagReset）：定义模块在重复调用时的行为，可以选择"Continue"和"Reset"，一般默认使用"Continue"。

（17）控件标志写入（ControlFlagWrite）：指定由"output"文件指定的文件的模式。

20．MQAM 接收机

1）器件特性

MQAM 接收机（Rx_El-mQAM_BER）用于解码 MQAM 发送机生成的电 M-QAM 信号，并评估 QAM 信号的符号误码率（SER）和误差矢量幅度（EVM）。接收到的星座图可以自动校正相位和幅度，以获得最佳的 SER 和 EVM 估计，也可以根据要求手动设置显示。16QAM 信号解调如图 3-151 所示。MQAM 接收机内部器件如图 3-152 所示。

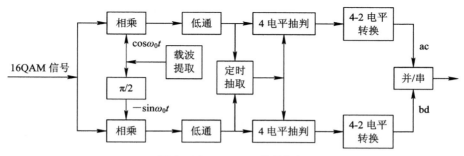

图 3-151　16QAM 信号解调

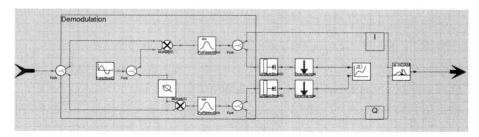

图 3-152　MQAM 接收机内部器件

2）器件位置及模型

首先点击主界面菜单栏中的"Resources"选项。随后，选择下拉菜单中的"Module Library"以访问器件列表。在模块库中，点击"Receivers"分类，并在其中选择"Rx_El-MQAM_BER"器件，如图 3-153 所示。

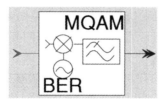

图 3-153　MQAM 接收机模型

3）仿真参数

MQAM 接收机的仿真参数如图 3-154 所示。

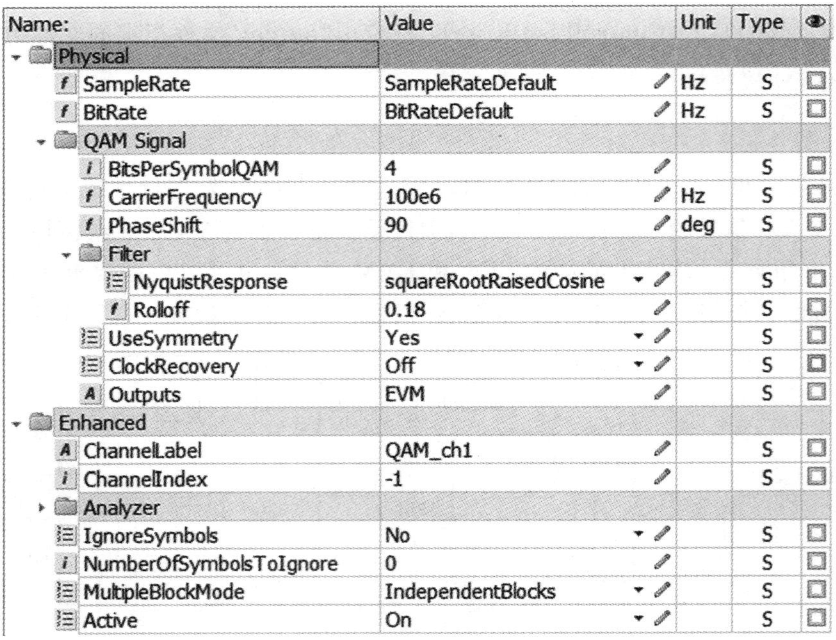

Name:	Value		Unit	Type	👁
▾ 📁 Physical					
_f_ SampleRate	SampleRateDefault	✎	Hz	S	☐
_f_ BitRate	BitRateDefault	✎	Hz	S	☐
▾ 📁 QAM Signal					
_i_ BitsPerSymbolQAM	4	✎		S	☐
_f_ CarrierFrequency	100e6	✎	Hz	S	☐
_f_ PhaseShift	90	✎	deg	S	☐
▾ 📁 Filter					
▤ NyquistResponse	squareRootRaisedCosine	▾ ✎		S	☐
_f_ Rolloff	0.18	✎		S	☐
▤ UseSymmetry	Yes	▾ ✎		S	☐
▤ ClockRecovery	Off	▾ ✎		S	☐
_A_ Outputs	EVM	✎		S	☐
▾ 📁 Enhanced					
_A_ ChannelLabel	QAM_ch1	✎		S	☐
_i_ ChannelIndex	-1	✎		S	☐
▸ 📁 Analyzer					
▤ IgnoreSymbols	No	▾ ✎		S	☐
_i_ NumberOfSymbolsToIgnore	0	✎		S	☐
▤ MultipleBlockMode	IndependentBlocks	▾ ✎		S	☐
▤ Active	On	▾ ✎		S	☐

图 3-154　MQAM 接收机参数设置

（1）采样率（SampleRate）：每秒从连续信号中提取并组成离散信号的采样个数，单位为 Hz。

（2）比特率（BitRate）：单位时间内传送的比特（bit）数，单位为 bit/s。

（3）每符号比特数（BitsPerSymbolQAM）：对每个符号进行编码的位数。

（4）载波频率（CarrierFrequency）：载波的频率，单位为 Hz。

（5）相位偏移（PhaseShift）：添加 90 度的相位偏移，形成正交信号，一般不用改变。

（6）奈奎斯特回应（NyquistResponse）：QAM 编码器的奈奎斯特响应类型，可以选择升余弦型（raisedCosine），也可以选择根生余弦型（squareRootRaisedCosine）。

（7）滚降系数（RollOff）：QAM 编码器的滤波器滚降系数，滚降系数，取值 0~1 之间，决定频宽和陡峭程度（值越大频带越窄，越陡峭）。

（8）对称性（UseSymmetry）：指定是否使用星座对称性来改进统计估计。

（9）恢复时钟（ClockRecovery）：指定是否应激活内部时钟恢复，一般使用"Off"状态。

（10）输出（Outputs）：指定模块要计算和输出的值，有效的关键字包括：SER、EVM、SER_Gauss、SER_MC。一般使用默认值"EVM"（误差向量幅度）。

（11）通道标签（ChannelLabel）：生成的逻辑通道的标签。

（12）通道索引（ChannelIndex）：用于位序列提取的逻辑通道的索引。

（13）忽略符号（IgnoreSymbols）：允许在分析中忽略一组连续的符号，当选择"No"时，不忽略任何符号；当选择"ApplyOnce"时，在多块运行中仅忽略一次符号；当选择"Repeat"时，忽略多块运行的每个块中的符号。

（14）忽略符号数（NumberOfSymbolsToIgnore）：指定要从 SER 计算中排除的符号数。

（15）多块模式（MultipleBlockMode）：在独立块模式下，对多块模拟中接收的每个输入块执行新的 SER 计算，在累积块模式下，统计信息在收到的所有块上累积，并在每个块之后输出累积值。

（16）活跃状态（Active）：定义模块是否处于活动状态，默认使用"On"状态。

21. OFDM 发射机

1）器件特性

OFDM 发射机（Tx_El-OFDM）可以在给定载波频率的条件下，产生一个上变频的电 QAM-OFDM 信号其内部器件如图 3-155 所示。PRBS 产生二进制序列，由 Coder_OFDM 模块编码之后，分为两路，经过滤波处理后，在载波频率上进行上变频，从而得到电 QAM-OFDM 信号。

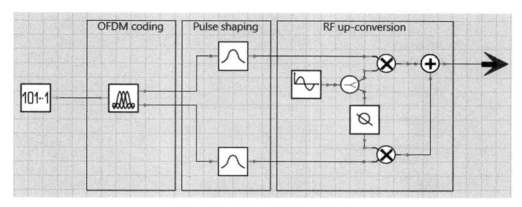

图 3-155 OFDM 发射机内部器件

2）器件位置及模型

首先点击主界面菜单栏中的"Resources"选项；随后，选择下拉菜单中的"Module Library"以访问器件列表。在模块库中，点击"Transmitters"分类，并在其中选择"Tx_El-OFDM"器件，如图 3-156 所示。

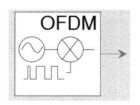

图 3-156 OFDM 发射机模型

3）仿真参数

OFDM 发射机的仿真参数如图 3-157 所示。

（1）采样率（SampleRate）：每秒从连续信号中提取并组成离散信号的采样个数，单位为 Hz。

（2）OFDM 载波数量（NumberOfCarriers）：相互正交的载波数量。

Name:	Value		Unit	Type	👁
▾ 📁 Physical					
f SampleRate	SampleRateDefault	✎	Hz	S	☐
▾ 📁 QAM-OFDM Signal					
i NumberOfCarriers	16	✎		S	☐
f BaudRate	SymbolRate	✎	Bd	S	☐
f CyclicPrefix	0	✎		S	☐
[*i*] PilotTones		✎		S	☐
[*c*] PilotTonesWord	(1,0)	✎		S	☐
[*i*] TurnOffCarriers		✎		S	☐
[*f*] PowerLoading	1 1	✎		S	☐
▾ 📁 Subcarrier Modulation					
A Coding	mQAM	✎		S	☐
i BitsPerSymbolQAM	4	✎	a.u	S	☐
A CmQAMFormatDetails		✎		S	☐
[*c*] ModulationFormatFilename		··· ✎		S	☐
▾ 📁 DSP					
▤ PreiFFTDSP_Type	None	▾ ✎		S	☐
▤ PostiFFTDSP_Type	None	▾ ✎		S	☐
▾ 📁 Clipping					
▤ Clipping	Off	▾ ✎		S	☐
▾ 📁 Normalization					
▤ Normalization	MaxAbsoluteValue	▾ ✎		S	☐
▤ Renormalize	On	▾ ✎		S	☐
▾ 📁 DAC					
▤ QuantizeOutputValues	Yes	▾ ✎		S	☐
i QuantizationLevels	2^10	✎		S	☐
i HighestQuantizationLevel	1	✎		S	☐
▾ 📁 RF					
f CarrierFrequency	1e9	✎	Hz	S	☐
f Phase	90	✎	degs	S	☐
▾ 📁 Filter					
▤ NyquistResponse	squareRootRaisedCosine	▾ ✎		S	☐
f RollOff	0.18	✎	a.u	S	☐
▾ 📁 PRBS Generator					
i PreSpaces	1	✎		S	☐
i PostSpaces	1	✎		S	☐
▤ PRBS_Type	PRBS	▾ ✎		S	☐
f MarkProbability	0.5			S	☐
i RandomNumberSeed	0			S	☐
▾ 📁 Enhanced					
▤ PRBS_OutputFilename		··· ✎		S	☐
▤ PRBS_ControlFlagReset	Continue	▾ ✎		S	☐
▤ PRBS_ControlFlagWrite	Overwrite	▾ ✎		S	☐
▤ AddLogicalInfo	Off	▾ ✎		S	☐

> Minimum = 0
> Maximum = inf
> Default = 1

图 3 – 157　OFDM 发射机参数设置

（3）波特率（BaudRate）：波特（Baud）即调制速率，指的是有效数据信号调制载波的速率，波特率即单位时间内载波调制状态变化的次数。

（4）循环前缀长度（CyclicPrefix）：为了消除符号间干扰（ISI），在符号间插入的保护间隔长度，当循环前缀的长度大于或等于信道冲击响应长度时，可以有效地消除 ISI 和 ICI（子载波之间的干扰）。

（5）编码（Coding）：子载波编码方式，可以指定每个子载波的调制格式，如 MASK、MQAM、MPSK 等格式。

（6）每符号比特数（BitsPerSymbolQAM）：对每个符号进行编码的位数。

（7）载波频率（CarrierFrequency）：指定载波的频率。

其余参数可以参照之前的介绍或者使用默认值，不作赘述。

22. OFDM 接收机

1）器件特性

OFDM 接收机（Rx_El-OFDM_BER）用于解码由 Tx_El-OFDM 模块生成的电 QAM-OFDM 信号，并评估 QAM 信号的符号误码率（SER）和误差矢量幅度（EVM）。OFDM 接收机内部器件如图 3-158 所示。信号解调实现过程为：电信号首先下变频至基带，经过滤波处理，将信号解码到 Decoder_OFDM 模块中，然后自动校正获得的星座的幅度和相位，以实现理想的信号检测以及符号误码率（SER）和误差矢量幅度（EVM）估计。

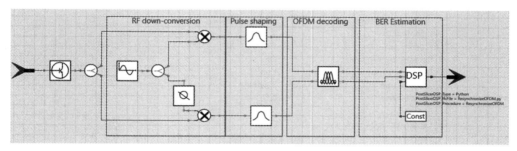

图 3-158　OFDM 接收机内部器件

2）器件位置及模型

首先点击主界面菜单栏中的"Resources"选项；然后选择下拉菜单中的"Module Library"以访问器件列表；在模块库中，点击"Receivers"分类，并在其中选择"Rx_El-OFDM_BER"器件，如图 3-159 所示。

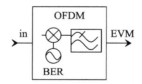

图 3-159　OFDM 接收机模型

3）仿真参数

OFDM 接收机的仿真参数如图 3-160 所示。

（1）波特率（BaudRate）：波特（Baud）即调制速率，指的是有效数据信号调制载波的速率，波特率即单位时间内载波调制状态变化的次数。

（2）采样率（SampleRate）：每秒从连续信号中提取并组成离散信号的采样个数，单位为 Hz。

（3）调制类型（OFDMType）：可以选择"OFDM"和"DMT"两种模式。

Name:	Value		Unit	Type	👁
📁 Physical					
f BaudRate	SymbolRate	✏	Bd	S	☐
f SampleRate	SampleRateDefault	✏	Hz	S	☐
📁 QAM-OFDM Signal					
☰ OFDMType	OFDM	▾ ✏		S	☐
i BitsPerSymbolQAM	4	✏	a.u	S	☐
i NumberOfCarriers	16	✏		S	☐
f CyclicPrefix	0	✏		S	☐
📁 DSP					
☰ PreFFTDSP_Type	None	▾ ✏		S	☐
☰ PostFFTDSP_Type	None	▾ ✏		S	☐
📁 DAC					
☰ QuantizeInputValues	Yes	▾ ✏		S	☐
i QuantizationLevels	2^10	✏		S	☐
f HighestQuantizationLevel	1	✏		S	☐
📁 RF					
f CarrierFrequency	1e9	✏	Hz	S	☐
f Phase	90	✏	degs	S	☐
📁 Filter					
☰ NyquistResponse	squareRootRaisedCosine	▾ ✏		S	☐
f RollOff	0.18	✏	a.u	S	☐
📁 BER estimation					
☰ ConstellationAlignment	On	▾ ✏		S	☐
☰ UseSymmetry	Yes	▾ ✏		S	☐
☰ SampleType	Relative	▾ ✏		S	☐
f SampleTime	0.5	✏		S	☐
f SampleRange	0	✏		S	☐
☰ ClockRecovery	Off	▾ ✏		S	☐
A Outputs	SER_Gauss	✏		S	☐
A ChannelLabel	QAM-OFDM_Ch1	✏		S	☐
i ChannelIndex	-1	✏		S	☐
☰ IgnoreSymbols	Repeat	▾ ✏		S	☐
☰ MultipleBlockMode	IndependentBlocks	▾ ✏		S	☐
📁 Visualizer					
☰ VisualizationMode	None	▾ ✏		S	☐

图 3 - 160　OFDM 接收机参数设置

（4）每个符号比特数（BitsPerSymbolQAM）：对每个符号进行编码的位数。

（5）OFDM 载波数量（NumbeRoFCarriers）：相互正交的载波数量。

（6）循环前缀长度（CyclicPrefix）：为了消除符号间干扰（ISl），在符号间插入的保护间隔长度，当循环前缀的长度大于或等于信道冲击响应长度时，可以有效地消除 ISI 和 ICI（子载波之间的干扰）。

（7）载波频率（CarrierFrequency）：指定载波的频率。

（8）对称性（UseSymmetry）：指定是否使用星座对称性来改进统计估计。

其余参数可以参照之前的介绍或者使用默认值，不作赘述。

23. 双音信号分析仪

1）器件特性

双音信号分析仪（TwoTone_Analyzer）主要用作估计模拟信号的质量，可以用于计算电信号的不同指标：通道功率、噪声功率、SNR（信噪比）、三阶交调失真（IMD_3）功率、二阶交调失真（IMD_2）功率等。

2）器件位置及模型

首先点击主界面菜单栏中的"Resources"选项；然后
选择下拉菜单中的"Module Library"以访问器件列表；
在模块库中，点击"CATV"分类，并在其中选择
"Twotone_Analyzer"器件，如图 3-161 所示。

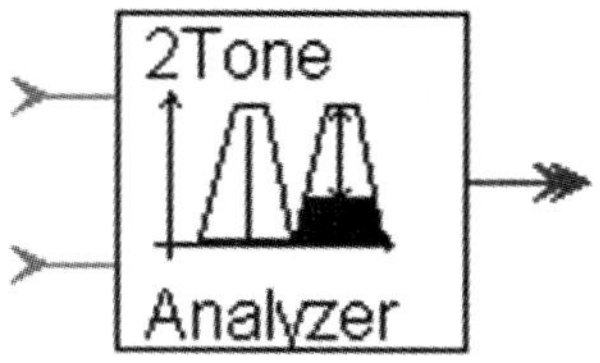

图 3-161　双音信号分析仪模型

3）仿真参数

双音信号分析仪的仿真参数如图 3-162 所示。

Name:	Value			Unit	Type	👁
▾ 📁 Physical						
☰ InputUnits	au	▾	✎		S	☐
☰ IMDAnalysisMode	Automatic	▾	✎		S	☐
f ChannelFrequency	4e9		✎	Hz	S	☐
f SecondChannelFreqOffset	1e9		✎	Hz	S	☐
f Bandwidth	1.0e8		✎	Hz	S	☐
f NoiseFreqOffset	5e8		✎	Hz	S	☐
f NoiseFilterBandwidth	1.0e8		✎	Hz	S	☐
f NoiseBandwidth	1e8		✎	Hz	S	☐
☰ ThirdOrderSpur	Upper	▾	✎		S	☐
☰ SecondOrderSpur	Upper	▾	✎		S	☐
A Outputs	SNR		✎		S	☐
▾ 📁 Enhanced						
☰ NoiseFloorCorrection	On	▾	✎		S	☐
☰ NoiseFigureAnalysis	GainMethod	▾	✎		S	☐
☰ OutputUnits	dBm	▾	✎		S	☐
☰ Active	On	▾	✎		S	☐

图 3-162　双音信号分析仪参数设置

（1）输入单位（InputUnits）：输入信号的单位，可以选择"au"、"volts"或"amps"。

（2）输入阻抗（ReceiverImpedance）：分析仪的输入阻抗。

（3）输出阻抗（TransmitterImpedance）：分析仪的输出阻抗。

（4）IMDA 分析模式（IMDAnalysisMode）：指定互调失真的中心频率，可以通过参数计算，也可以直接手动输入。

（5）通道频率（ChannelFrequency）：受测通道的中心频率。

（6）第二通道频率偏移（SecondChannelFreqOffset）：第二通道中心频率与通过 ChannelFrequency 参数指定的第一通道中心频率的频率偏移。

（7）带宽（Bandwidth）：测量互调失真功率时各通道的带宽。

（8）噪声频率偏移（NoiseFreqOffset）：噪声的中心频率与指定通道的中心频率之间的偏移量。

（9）噪声滤波器带宽（NoiseFilterBandwidth）：噪声功率测量时滤波器的带宽。

（10）噪声带宽（NoiseBandwidth）：测量 SNR（信噪比）的噪声带宽。

（11）三阶杂散失真频偏量（ThirdOrderSpurFreqOffset）：三阶互调失真中心频率与通过 ChannelFrequency 参数指定的通道的中心频率的频率偏移。

（12）二阶杂散失真频偏量（SecondOrderSpurFreqOffset）：二阶互调失真中心频率与通过 ChannelFrequency 参数指定的通道的中心频率的频率偏移。

（13）输出（Outputs）：指定模块要计算和输出的值，如通道功率（ChannelPower）、噪

声功率(NoisePower)、信噪比(SNR)等。

　　(14) 输出单位(OutputUnits)：选择输出单位。

3.9　　本 章 小 结

　　本章重点介绍了激光器、电光调制器、光纤、光电探测器和光放大器等光载射频系统的关键组成器件，阐述了器件特性，给出了器件的输入—输出理论表达式、器件位置、仿真参数并针对部分器件的特性进行了相应仿真演示。另外，对于功能较复杂的光载射频通信系统，本章还介绍了光耦合器、光衰减器、光滤波器等无源光器件，电衰减器、电功分器、电放大器、电滤波器等常用电器件以及直流电源、地、信号源、分析仪等测试类仪器，为后续章节提供了重要的知识储备和理论基础。

参 考 文 献

［1］　李宜峰. 两段式 DFB 半导体激光器模式及双稳特性研究［D］. 西南交通大学，2005.

［2］　LE H，WANG Y. Semiconductor laser multi-spectral sensing and imaging［J］. Sensors，2010，10(1)：544 – 583.

［3］　EICHLER H，EICHLER J，LUX O，et al. Semiconductor lasers［J］. Lasers：basics，advances and applications，2018：165 – 203.

［4］　LIU A，WOLF P，LOTT J A，et al. Vertical-cavity surface-emitting lasers for data communication and sensing［J］. Photonics research，2019，7(2)：121 – 136.

［5］　KOYAMA F. Recent advances of VCSEL photonics［J］. Journal of lightwave technology，2006，24(12)：4502 – 4513.

［6］　LIU A，WOLF P，LOTT J A，et al. Vertical-cavity surface-emitting lasers for data communication and sensing［J］. Photonics research，2019，7(2)：121 – 136.

［7］　王晓明，王志功，苗澎，等. 10Gbit/s 甚短距离并行光传输模块研究［J］. 电路与系统学报，2004，9(4)：1 – 4.

［8］　Osram，Inc. 欧司朗携两款新 VCSEL 进入 3D 传感市场［EB/OL］. (2018-12-29)［2023-12-20］. https：//www. osram. com. cn/os/press/press-releases/osram-enters-the-3d-sensing-market-with-two-new-vcsels-plpvcq-850-and-plpvcq-940. jsp.

［9］　MILLER M，GRABHERR M，KING R，et al. Improved output performance of high-power VCSELs［J］. IEEE journal of selected topics in quantum electronics，2001，7(2)：210 – 216.

［10］　PADULLAPARTHI B D，TATUM J，IGA K. VCSEL Industry：communication and sensing［M］. Hoboken：John Wiley & Sons，2021.

[11] CHE D, HU Q, YUAN F, et al. Enabling complex modulation of directly modulated signals using laser frequency chirp[J]. IEEE photonics technology letters, 2015, 27(22): 2407 - 2410.

[12] MATSUI Y. Directly modulated laser technology: Past, present, and future[M]. Hagerstown: River Publishers, 2022: 87 - 171.

[13] KREHLIK P. Characterization of semiconductor laser frequency chirp based on signal distortion in dispersive optical fiber[J]. Opto-electronics review, 2006, 14 (2): 119 - 124.

[14] 阎敏辉, 陈建平, 李欣, 等. 单量子阱激光器小信号调制时的啁啾噪声[J]. 光通信技术, 2001(02): 143 - 146.

[15] 黄超群. 微波光子线性啁啾信号生成及接收技术研究[D]. 杭州: 杭州电子科技大学, 2023.

[16] QIAN H, ZHOU J, YANG B, et al. A 4-element digital modulated polar phased-array transmitter with phase modulation phase-shifting[J]. IEEE journal of solid-state circuits, 2021, 56(11): 3331 - 3347.

[17] CABALLERO A, ZIBAR D, MONROY I T. Performance evaluation of digital coherent receivers for phase-modulated radio-over-fiber links[J]. Journal of lightwave technology, 2011, 29(21): 3282 - 3292.

[18] ZHOU J, FU S, SHUM P, et al. Photonic measurement of microwave frequency based on phase modulation[J]. Optics express, 2009, 17(9): 7217 - 7221.

[19] Fujitsu, Inc. 100G/400G LN Modulator[EB/OL]. (2016-03-14) [2023-12-20]. https: //www. fujitsu. com/jp/group/ foc/en/products/optical-devices/100gln.

[20] Wdm O N . Oclaro's 100 Gbps PM-QPSK coherent MSA module enters volume production to support global customer deployments[J]. FttX, 2012, 24 (10): 15 - 16.

[21] ZHU D, YAO J. Dual-chirp microwave waveform generation using a dual-parallel mach-zehnder modulator[J]. IEEE photonics technology letters, 2015, 27 (13): 1410 - 1413.

[22] TANG Z, ZHANG F, ZHU D, et al. A photonic frequency downconverter based on a single dual-drive Mach-Zehnder modulator[C]. 2013 IEEE International Topical Meeting on Microwave Photonics (MWP), 2013: 150 - 153.

[23] XIE M, ZHAO M, LEI M, et al. Anti-dispersion phase-tunable microwave mixer based on a dual-drive dual-parallel Mach-Zehnder modulator[J]. Optics express, 2018, 26(1): 454 - 462.

[24] ZHAI W, WEN A, ZHANG W, et al. A multichannel phase tunable microwave photonic mixer with high conversion gain and elimination of dispersion-induced power fading[J]. IEEE photonics journal, 2017, 10(1): 1 - 10.

[25] HASAN M, JAFARI O, GUAN X, et al. Integrated optical SSB modulation/ frequency shifting using cascaded silicon MZM[J]. IEEE photonics technology

letters，2020，32(18)：1147 - 1150.

[26]　JIANG W，LIN C，HO C，et al. Photonic vector signal generation employing a novel optical direct-detection in-phase/quadrature-phase upconversion[J]. Optics letters，2010，35(23)：4069 - 4071.

[27]　KAWANISHI T，IZUTSU M. Linear single-sideband modulation for high－SNR wavelength conversion[J]. IEEE photonics technology letters，2004，16(6)：1534 - 1536.

[28]　辛语晴. 高速光纤通信系统中偏振复用技术研究[D]. 长春：长春理工大学，2014.

[29]　GAO Y，WEN A，ZHANG W，et al. Photonic Microwave and Mm-Wave Mixer for Multi-Channel Fiber Transmission[J]. Journal of lightwave technology，2017，35(9)：1566 - 1574.

[30]　ZHANG W，WEN A，GAO Y，et al. Large bandwidth photonic microwave image rejection mixer with high conversiEfficiency[J]. IEEE photonics journal，2017，9(3)：1 - 8.

[31]　SHANG L，LI Y，WU F P. Optical frequency comb generation using a polarization division multiplexing Mach－Zehnder modulator[J]. Journal of optics，2019，48(1)：60 - 64.

[32]　史芳静，樊养余，王鑫圆，等. 基于 PDM-DPMZM 的大动态范围微波光子 I/Q 下变频系统[J]. 电子学报，2022，50(4)：782 - 788.

[33]　郭忠国，郭冠锋，李忠坤，等. 基于偏振复用-双平行马赫-曾德尔调制器的可调倍频因子微波移相信号生成[J]. 激光与光电子学进展，2022，59(13)：213 - 222.

[34]　ZHANG Y，PAN S. Frequency-multiplying microwave photonic phase shifter for independent multichannel phase shifting[J]. Optics letters，2016，41(6)：1261 - 1264.

[35]　TAN Q，GAO Y，FAN Y，et al. Multi-octave analog photonic link with improved second-and third-order SFDRs[J]. Optics communications，2018，410：685 - 689.

[36]　LIU X，SHANG T，CHEN D，et al. A simple multifunctional broadband dispersion compensation and frequency conversion scheme by utilizing a polarization division multiplexing dual-parallel Mach-Zehnder modulator[J]. Optics and lasers in engineering，2021，137：106332.

[37]　ZHANG Y，ZHANG F，PAN S. Generation of Frequency-Multiplied and Phase-Coded Signal Using an Optical Polarization Division Multiplexing Modulator[J]. IEEE transactions on microwave theory and techniques，2017，65(2)：651 - 660.

[38]　王军. 光生毫米波倍频技术与传输性能研究[D]. 西安：西安电子科技大学，2017.

[39]　张永倩. 微波光子下变频增益及动态范围优化方法研究[D]. 西安：西安电子科技大学，2018.

[40]　SHI F，FAN Y，GAO Y. A dual-channel microwave photonic mixer with large dynamic range[J]. Optik，2022，262：169327.

[41]　HUANG L，XU M，PENG P C，et al. Broadband IF-over-fiber transmission based

on a polarization modulator[J]. IEEE photonics technology letters, 2018, 30(24): 2087 - 2090.

[42] ZOU X, YAO J. Repetition-rate-tunable return-to-zero and carrier-suppressed return-to-zero optical pulse train generation using a polarization modulator[J]. Optics letters, 2009, 34(3): 313 - 315.

[43] LI W, WANG L X, LI M, et al. Photonic generation of widely tunable and background-free binary phase-coded radio-frequency pulses[J]. Optics letters, 2013, 38(17): 3441 - 3444.

[44] EINSTEIN A. Concerning an heuristic point of view toward the emission and transformation of light[J]. American journal of physics, 1965, 33(5): 367.

[45] 佚名. 半导体光电二极管和有关器件[J]. 国外红外与激光技术, 1974(4): 53 - 69.

[46] 张健亮, 陈康民. PIN 结光电二极管的工艺原理和制造[J]. 中国集成电路, 2004, (09): 72 - 74.

[47] 王启明, 赵玲娟, 朱洪亮, 等. 光纤通信有源器件的发展现状[J]. 电信科学, 2016, 32(5): 10 - 23.

[48] 郭倩, 蓝天, 朱祺, 等. 室内可见光通信 APD 探测电路的设计与实现[J]. 红外与激光工程, 2015, 44(2): 731 - 735.

[49] ZHUANG L, ROELOFFZEN C G H, MEIJERINK A, et al. Novel ring resonator-based integrated photonic beamformer for broadband phased array receive antennas-Part II: Experimental prototype[J]. Journal of lightwave technology, 2010, 28(1): 19 - 31.

[50] STEFSZKY M S, MOW-LOWRY C M, CHUA S S Y, et al. Balanced homodyne detection of optical quantum states at audio-band frequencies and below[J]. Classical and quantum gravity, 2012, 29(14): 145015.

[51] 陈梓远. 光纤通信的基本原理及发展趋势[J]. 通讯世界, 2019, 26(2): 13 - 14.

[52] 陈阳, 贾红宝, 魏荟郦, 等. 单模光纤的特性分析及模场分布[J]. 光源与照明, 2021, (07): 24 - 26.

[53] 徐志军, 陈津. 光纤通信中的色散补偿技术及其应用[J]. 电子技术与软件工程, 2016, (21): 36 - 37.

[54] 于龙强. 基于波长色散差分的色散温变效应抑制方法[J]. 激光杂志, 2023, 44(1): 91 - 95.

[55] AKERS F I, THOMPSON R E. Polarization-maintaining single-mode fibers[J]. Applied optics, 1982, 21(10): 1720 - 1721.

[56] 江岭, 赵浙明, 李杏, 等. 中远红外保偏光纤研究进展[J]. 硅酸盐通报, 2016, 35 (12): 4005 - 4013.

[57] 赵丽娟, 梁若愚, 徐志钮. 光子晶体光纤的设计与应用研究综述[J]. 半导体光电, 2020, 41(04): 464 - 471.

[58] ALKHLEFAT Y, IDRUS S M, IQBAL F M. Numerical analysis of UFMC and FBMC in wavelength conversion for radio over fiber systems using semiconductor

optical amplifier[J]. Alexandria engineering journal, 2022, 61(7): 5371 - 5381.

[59] YE J, MA X, ZHANG Y, et al. Revealing the dynamics of intensity fluctuation transfer in a random Raman fiber laser[J]. Photonics research, 2022, 10(3): 618 - 627.

[60] XIONG Z, MOORE N, Li Z, et al. 10-W Raman fiber lasers at 1248 nm using phosphosilicate fibers [J]. Journal of lightwave technology, 2003, 21 (10): 2377 - 2381.

[61] LIU W, MA P, ZHOU P, et al. Effects of four-wave-mixing in high-power Raman fiber amplifiers[J]. Optics express, 2020, 28(1): 593 - 606.

[62] OLIVEIRA J R F, MOURA U C, OLIVEIRA J C R F, et al. Hybrid distributed Raman/EDFA amplifier with hybrid automatic gain control for reconfigurable WDM optical networks [J]. Journal of microwaves, optoelectronics and electromagnetic applications, 2013(12): 602 - 616.

[63] HONG Y, SHIN W, HAN S. APC-EDFA-based scintillation-suppressed photodetection in satellite optical communication [J]. Microwave and optical technology letters, 2019, 61(10): 2427 - 2433.

[64] YOSHIKAWA T, OKAMURA K, OTANI E, et al. WDM burst mode signal amplification by cascaded EDFAs with transient control[J]. Optics express, 2006, 14(11): 4650 - 4655.

[65] 江涛, 陈艳. 半导体光放大器[J]. 激光与光电子学进展, 2000, 37(8): 40 - 45.

[66] 马永红, 谢世钟. 宽带光纤拉曼放大器的优化设计与分析[J]. 光学学报, 2004, 24 (1): 42 - 47.

[67] CHOI B H, PARK H H, CHU M J. New pump wavelength of 1540-nm band for long-wavelength-band erbium-doped fiber amplifier (L-band EDFA)[J]. IEEE journal of quantum electronics, 2003, 39(10): 1272 - 1280.

[68] 林志浪. SOI 集成光波导器件的基础研究[D]. 上海: 中国科学院研究生院(上海微系统与信息技术研究所), 2005.

[69] BAI N, XIAO J, LIU X, et al. Photonic Crystal Waveguide Directional Coupler based on Adiabatic Coupling[C]. Conference on ICO, SPIE, 2006.

[70] 欧阳征标, 李景镇, 张道中, 等. 多层光子晶体滤波器研究[J]. 光学学报, 2002, (01): 79 - 84.

[71] 田燕宁, 方强, 王永昌. 双通道光环形器结构的设计及理论分析[J]. 中国激光, 2004, (11): 1398 - 1402.

[72] 李东亚, 薛红喜. 新型 3 dB 电桥的设计[J]. 电讯技术, 2009, 49(11): 90 - 93.

第 4 章

光载射频技术及系统仿真

在现代通信系统和雷达应用中，RoF 技术已经成为高带宽、低损耗、低延迟通信的关键组成部分，其中系统的性能和可靠性与多个关键因素（如电光调制方式、系统噪声、调制器偏压点等）密切相关。

在本章中，我们首先讨论不同的电光调制方式，包括相位调制、双边带调制、单边带调制、载波抑制双边带调制和载波抑制单边带调制等，以及它们在不同应用中的优势和局限性，并结合仿真进行演示。然后，针对系统噪声和性能评估，探讨 RoF 系统的关键技术指标，如增益、噪声系数和动态范围；最后，探究调制器偏压点对系统性能的影响、基于平衡探测技术的性能提升方法、IMD$_2$ 和 IMD$_3$ 抑制方法以及长距离光纤传输应用下的周期性功率衰落抑制方法，以应对系统中可能出现的增益低和失真严重问题。

4.1 常见的电光调制方式

电光调制是利用电信号调制激光信号的调制方法，其中电信号携带调制信息，光信号作为载波。根据已调信号形式的不同，电光调制可以分为电光相位调制和电光强度调制两种。它有 5 种最基础的调制方式，分别是：相位调制（PM）、双边带调制（DSB）、抑制载波双边带调制（CS-DSB）、单边带调制（SSB）和抑制载波单边带调制（CS-SSB），接下来将对这 5 种调制方式进行逐一介绍。

4.1.1 相位调制

实现相位调制的方法可以分为两种：一种是使用 PM 调制器直接进行相位调制；另一种是使用 MZM 进行相位调制。下面将分别介绍这两种方法。

1. 直接使用 PM 的相位调制

1）调制原理

由 3.2.1 节中关于 PM 调制器的相关介绍可知，相位调制器的输出光信号可以表示为

$$E_{PM}(t) = E_C(t)\exp(jm\cos(\omega_{RF}t) + j\varphi)$$

$$= E_C \sum_{n=-\infty}^{+\infty} j^n J_n(m)\exp(jn\omega_{RF}t + j\varphi) \tag{4-1}$$

式中，$E_C(t)=E_C\exp(\mathrm{j}\omega_Ct)$ 为输入的单音光信号；$\mathrm{J}_n(\,\cdot\,)$ 为 n 阶第一类贝塞尔函数。

　　观察式(4-1)可以发现，相位调制器的作用就是对输入的激光信号增加了一部分携带信号的相位项，产生了以 ω_{RF} 为间隔的一系列光边带，其中第 n 阶光边带的幅度取决于第 n 阶贝塞尔函数的大小。当调制指数 $m\ll1$ 时，即在小信号调制的情况下，基于高阶贝塞尔函数值相对于低阶贝塞尔函数值非常小，可以忽略高阶光边带。

　　2）仿真分析

　　(1) 仿真方案。

　　PM 调制器可以对光信号进行 PM 调制，采用仿真软件 VPI 可以模拟出具体的调制效果。在 VPI 中直接添加 PM 调制器，设置一个固定相移 π，射频电信号频率设置为 5 GHz，幅度为 1 V，仿真电路如图 4-1 所示，仿真相关参数如表 4-1 所示。

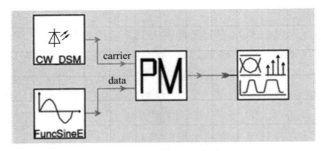

图 4-1　PM 仿真电路

表 4-1　PM 调制仿真参数设置

器　件	参　　数
激光器	波长：1553.6 nm；功率：0 dBm；RIN：−130 dBc/Hz
调制器（PM）	相位偏移：36°
RF 信号	频率：5 GHz；幅度：1 V；相移：0°

　　(2) 结果分析。

　　调制后的光信号的光谱如图 4-2 所示，可以看到经过调制后的光信号产生了以加载在调制器上的射频信号的频率 5 GHz 为间隔的光边带，实现了相位调制。

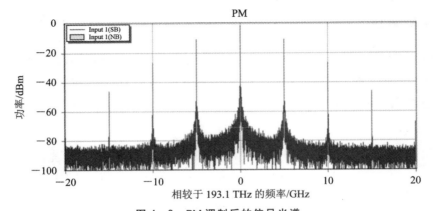

图 4-2　PM 调制后的信号光谱

注：这里的相位偏移的含义是每 1 V 电压引起的相位偏移量，将其设置为 36°是为了使半波电压和下面 MZM 中 5 V 的半波电压一致。

2. 使用 MZM 进行 PM 的相位调制

1）调制原理

当满足 $V_{\text{upper}}(t)=V_{\text{lower}}(t)$ 时，式(3-10)可化为

$$E_{\text{out}}(t)=E_{\text{C}}(t)\exp\left[\frac{\text{j}\pi V_{\text{upper}}(t)}{V_{\pi}}\right] \tag{4-2}$$

其中 $V_{\text{upper}}(t)=V_{\text{RF}}\cos(\omega_{\text{RF}}t)+V_{\text{DC}}$。

观察式(4-2)可以发现，利用 MZM 可以在光谱上产生以 ω_{RF} 为间隔的一系列光边带，从而实现相位调制。

2）仿真分析

下面给出 VPI 中利用 MZM 进行 PM 调制的具体仿真步骤：

(1) 选择合适的器件(如连续波激光器 CW_DSM、马赫曾德尔调制器、射频信号源、直流信号源、频谱分析仪等)搭建仿真电路，如图 4-3 所示。

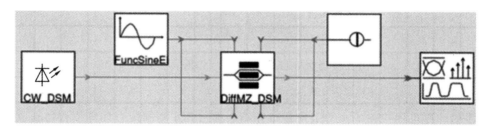

图 4-3　PM 调制仿真电路

(2) 利用 MZM 调制器也可以进行 PM 调制，将工作模式设置为 positive，此时上下两臂相位相同，设置射频半波电压为 5 V，射频电信号幅值为 1 V，频率为 5 GHz，直流偏置不会影响调制结果，仿真参数如表 4-2 所示。

表 4-2　利用 MZM 进行 PM 调制的仿真参数设置

器　件	参　　　数
激光器	波长：1553.6 nm；功率：0 dBm；RIN：−130 dBc/Hz
调制器（MZM）	半波电压：5 V；插损：6 dB；消光比：35 dB
RF 信号	频率：5 GHz、幅度：1 V、相移：0°

(3) 运行仿真电路，观察频谱分析仪结果。

经过调制的光信号由一系列以电信号频率 5 GHz 为间隔的光边带组成，其中第 n 阶光边带的大小由第 n 阶贝塞尔函数代入调制指数 m 后的大小决定，调制后信号的光谱如图 4-4 所示。

将仿真值与模型计算值进行比较，如表 4-3 所示(插入损耗为 6 dB)。

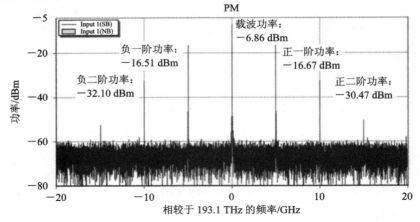

图 4-4　利用 MZM 进行 PM 调制后的信号光谱

表 4-3　PM 调制模型计算值与仿真值对比

	计算值	仿真值
载波功率/dBm	−6.88	−6.86
正一阶功率/dBm	−16.49	−16.67
负一阶功率/dBm	−16.49	−16.51
正二阶功率/dBm	−32.42	−30.47
负二阶功率/dBm	−32.42	−32.10

　　具体的计算过程将在 4.1.2 节中进行介绍。对比 PM 调制模型计算值和仿真值可以发现，两者数据基本吻合，且光谱由载波和一系列以 5 GHz 为间隔的光边带构成，所以建模是正确的，同时该模型简单且便于搭建。

4.1.2　双边带调制

1. 调制原理

设输入 MZM 上下臂的调制电信号分别如下：

$$V_{\text{upper}}(t) = V_{\text{RF1}}\cos(\omega_{\text{RF1}}t) + V_{\text{DC1}} \tag{4-3}$$

$$V_{\text{lower}}(t) = V_{\text{RF2}}\cos(\omega_{\text{RF2}}t) + V_{\text{DC2}} \tag{4-4}$$

这里记 $\omega_{\text{RF1}} = \omega_{\text{RF}}$。令 $V_{\text{RF1}} = V_{\text{RF2}} = V_{\text{RF}}$，则 MZM 的输出可以表示为

$$
\begin{aligned}
E_{\text{out}}(t) &= \frac{E_{\text{C}}(t)}{2}\big[\exp(jm\cos(\omega_{\text{RF}}t) + j\varphi_1) + \exp(jm\cos(\omega_{\text{RF}}t + \phi) + j\varphi_2)\big] \\
&= \frac{E_{\text{C}}(t)}{2}\Big[\exp(j\varphi_1)\sum_{n=-\infty}^{+\infty} j^n J_n(m)\exp(jn\omega_{\text{RF}}t) + \\
&\quad \exp(j\varphi_2)\sum_{n=-\infty}^{+\infty} j^n J_n(m)\exp(jn\omega_{\text{RF}}t + jn\phi)\Big] \\
&= \frac{E_{\text{C}}(t)}{2}\exp(j\varphi_2)\sum_{n=-\infty}^{+\infty}\exp(jn\Delta\varphi + jn\phi)j^n J_n(m)\exp(jn\omega_{\text{RF}}t)
\end{aligned}
\tag{4-5}
$$

对于式(4-5)，$\phi=\omega_{RF2}t-\omega_{RF1}t$ 为加载在上下臂的射频信号的相位差；$m=\pi V_{RF}/V_\pi$ 为调制指数；$\varphi_1=\pi V_{DC1}/V_\pi$ 和 $\varphi_2=\pi V_{DC2}/V_\pi$ 为直流偏压引入的相移；$\Delta\varphi=\varphi_1-\varphi_2$ 为调制器的偏置相位，该相位由偏置电压 $V_{DC1}-V_{DC2}$ 决定。当 $m\ll1$ 时，即在小信号调制的情况下，可以忽略高阶光边带的影响，只考虑一阶光边带，则式可简化为[1]

$$E_{out}(t)=\frac{E_C(t)}{2}\exp(j\varphi_2)[\exp(j\Delta\varphi+1)J_0(m)+$$
$$\exp(j\Delta\varphi)+\exp(j\phi)jJ_1(m)\exp(j\omega_{RF}t)+$$
$$\exp(j\Delta\varphi)+\exp(-j\phi)jJ_1(m)\exp(-j\omega_{RF}t)] \qquad (4-6)$$

从式(4-6)可以看出，通过合理设置射频信号和直流偏置的大小可以实现 DSB、SSB、CS-DSB 等一系列调制，下面来分情况讨论具体实现方案。

本节首先讨论 DSB 的情况，当 $\Delta\varphi=\pi/2$，$\phi=\pi$ 时，式(4-6)可化简为

$$E_{out}(t)=\frac{E_C(t)}{2}\exp(j\varphi_2)[(j+1)J_0(m)+(j-1)jJ_1(m)\exp(j\omega_{RF}t)+$$
$$(j-1)jJ_1(m)\exp(-j\omega_{RF}t)]$$
$$=\frac{\sqrt{2}E_C(t)}{2}\exp(j\varphi_2)\Big[J_0(m)\exp\Big(j\frac{1}{4}\pi\Big)+J_1(m)\exp\Big(j\omega_{RF}t-j\frac{3}{4}\pi\Big)+$$
$$J_1(m)\exp\Big(-j\omega_{RF}t-j\frac{3}{4}\pi\Big)\Big] \qquad (4-7)$$

通过式(4-7)可以发现，输出的光信号由 3 个频谱分量组成，分别为光载波以及两个一阶光边带，具有这样光谱的信号就是 DSB 信号。

2. 仿真分析

下面介绍 VPI 的 DSB 调制仿真方案的具体仿真步骤：

(1) 选择合适的器件(如连续波激光器 CW_DSM、马赫曾德尔调制器、射频信号源、直流信号源、频谱分析仪等)搭建仿真电路，如图 4-5 所示。

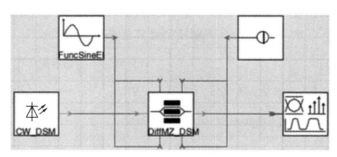

图 4-5　DSB 仿真电路

(2) 由上述的数学推导可知，需要设置的参数有 MZM 的偏置相位(即偏置电压)，以及输入射频电信号的相位差。射频电信号相位差 $\phi=\pi$，即上下所加射频电信号反相，在 VPI 中可以通过设置 MZM 工作状态为"negative"而直接实现，此时上下输入的信号会自动设置为反相。射频电信号频率设置为 5 GHz，幅度为 1 V。因为 MZM 偏置相位 $\Delta\varphi=\pi/2$，所以需要让 MZM 工作在正交传输点上，将 MZM 半波电压设置为 5 V，上下两臂加载直流偏置均设置为 1.25 V(因为上下两臂反相，此时偏置电压为 2.5 V)。仿真参数设置如表 4-4 所示。

表 4 - 4   DSB 仿真电路参数设置

器　件	参　数
激光器	波长：1553.6 nm；功率：0 dBm；RIN：−130 dBc/Hz
调制器（MZM）	半波电压：5 V；插损：6 dB；消光比：35 dB
RF 信号	频率：5 GHz；幅度：1 V；相移：0°
直流信号	电压：1.25 V

（3）运行仿真电路，观察频谱分析仪结果。

经过调制的光信号由光载波以及两侧对称分布的光边带构成，光边带与光载波间隔为 5 GHz，且越高阶的光边带功率越小，符合双边带调制的特性，其光谱图如图 4 - 6 所示。

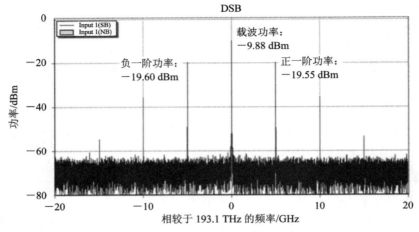

图 4 - 6   DSB 调制后的信号光谱

将模型计算值与仿真值进行比较，如表 4 - 5 所示（插入损耗为 6 dB）。

表 4 - 5   DSB 调制模型计算值与仿真值对比

	计算值	仿真值
载波功率/dBm	−9.89	−9.88
正一阶功率/dBm	−19.50	−19.55
负一阶功率/dBm	−19.50	−19.60

对比 DSB 调制模型功率计算值和仿真值可以发现，两者数据基本吻合，且满足光谱中由光载波和两个与载波间隔为 5 GHz 的一阶光边带构成的条件，所以建模是正确的，同时该模型简单且便于搭建。

为了便于理解，这里给出各部分实际功率的计算过程，后续的模型分析过程中，功率计算过程与此处类似。

（1）载波功率计算公式如下：

$$P_0 = 10\lg\left(\frac{1}{2}E_C^2 J_0^2(m)\right) - 6\text{dB} \approx -9.89(\text{dBm}) \qquad (4-8)$$

（2）正负一阶光边带功率计算公式如下：

$$P_{\pm 1} = 10\lg\left(\frac{1}{2}E_C^2 J_1^2(m)\right) - 6\text{dB} \approx -19.50(\text{dBm}) \qquad (4-9)$$

其中 $m = \pi V_{\text{RF}}/V_{\pi,\text{RF}} \approx 0.6283$；减去的 6dB 为插入损耗。

注意　额外出现的正负二阶光边带以及其他高阶边带是由于输入调制信号功率较大造成的。

4.1.3　抑制载波双边带调制

1. 调制原理

当 $\Delta\varphi = \pi$，$\phi = \pi$，式(4-6)可化简为

$$\begin{aligned}
E_{\text{out}}(t) &= \frac{E_C(t)}{2}\exp(\text{j}\varphi_2)\left[-2\text{j}J_1(m)\exp(\text{j}\omega_{\text{RF}}t) - 2\text{j}J_1(m)\exp(-\text{j}\omega_{\text{RF}}t)\right] \\
&= E_C(t)\exp(\text{j}\varphi_2)\left[J_1(m)\exp\left(\text{j}\omega_{\text{RF}}t - \text{j}\frac{1}{2}\pi\right) + \right. \\
&\quad\left. J_1(m)\exp\left(-\text{j}\omega_{\text{RF}}t - \text{j}\frac{1}{2}\pi\right)\right]
\end{aligned} \qquad (4-10)$$

通过式(4-10)可以发现，输出的光信号只由两个频谱分量组成，分别是正一阶光边带和负一阶光边带，因此光载波被抑制，具有这样光谱的信号是 CS-DSB 信号。

2. 仿真分析

下面介绍 VPI 的 CS-DSB 调制仿真方案的具体仿真步骤。

（1）选择合适的器件（如连续波激光器 CW_DSM、马赫曾德尔调制器、射频信号源、直流信号源、频谱分析仪等）搭建仿真电路，如图 4-7 所示。

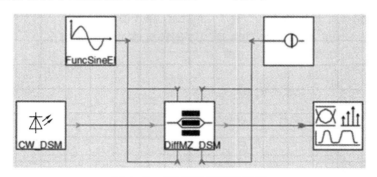

图 4-7　CS-DSB 仿真电路图

（2）由数学推导可知，MZM 偏置相位 $\Delta\varphi = \pi$，因此 MZM 工作在最小传输点上，将 MZM 半波电压设置为 5 V，上下两臂所加的直流偏置均设置为 2.5 V。射频电信号反相，可令 MZM 工作在 negative 状态下来实现，射频电信号频率设置为 5 GHz，幅度为 1 V。仿真参数设置如表 4-6 所示。

表 4 - 6　CS-DSB 仿真电路参数设置

器　件	参　数
激光器	波长：1553.6 nm；功率：0 dBm；RIN：－130 dBc/Hz
调制器（MZM）	半波电压：5 V；插损：6 dB；消光比：35 dB
RF 信号	频率：5 GHz；幅度：1 V；相移：0°
直流信号	电压：2.5 V

（3）运行仿真电路，观察频谱分析仪结果。

经过调制的光信号主要由两个一阶光边带构成，光边带与光载波间隔为 5 GHz，可以看到本该功率值最大的光载波分量得到了显著的抑制，正负一阶的光边带功率明显大于载波，满足抑制载波双边带调制的特性，其光谱如图 4 - 8 所示。

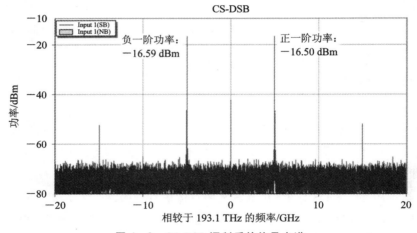

图 4 - 8　CS-DSB 调制后的信号光谱

将仿真值与模型计算值制表，如表 4 - 7 所示（插入损耗为 6dB）。

表 4 - 7　CS-DSB 调制模型计算值与仿真值对比

	计算值	仿真值
载波功率（dBm）		
正一阶功率（dBm）	－16.49	－16.50
负一阶功率（dBm）	－16.49	－16.59

对比 DC-DSB 调制模型计算值和仿真值可以发现，两者数据吻合，且满足光谱中两个与载波间隔为 5 GHz 的一阶光边带构成的条件，所以建模是正确的，同时该模型简单且便于搭建。

3. 注意事项

理论上应该被完全抑制的光载波之所以出现是消光比不佳引起的，高阶边带是因为信号功率较大造成的。

4.1.4　单边带调制

1. 原理分析

当 $\Delta\varphi=\pi/2$，$\phi=\pm\pi/2$ 时，式(4-6)可化简为

$$E_{out}(t)=\begin{cases}\dfrac{E_{C}(t)}{2}\exp(j\varphi_{2})[(j+1)J_{0}(m)-2J_{1}(m)\exp(j\omega_{RF}t)]\\[2mm]=E_{C}(t)\exp(j\varphi_{2})\left[\dfrac{\sqrt{2}}{2}J_{0}(m)\exp\left(j\dfrac{1}{4}\pi\right)+J_{1}(m)\exp(j\omega_{RF}t+j\pi)\right],\ \phi=\dfrac{\pi}{2}\\[4mm]\dfrac{E_{C}(t)}{2}\exp(j\varphi_{2})[(j+1)J_{0}(m)-2J_{1}(m)\exp(-j\omega_{RF}t)]\\[2mm]=E_{C}(t)\exp(j\varphi_{2})\left[\dfrac{\sqrt{2}}{2}J_{0}(m)\exp\left(j\dfrac{1}{4}\pi\right)+J_{1}(m)\exp(-j\omega_{RF}t+j\pi)\right],\ \phi=-\dfrac{\pi}{2}\end{cases}$$

$$(4-11)$$

通过式(4-11)可以发现，输出的光信号只由两个频谱分量组成，分别是载波和一个一阶光边带，另外一个一阶光边带被抑制，具有这样的光谱的信号就是 SSB 信号。注意，当上下臂射频信号相位差为 $\pi/2$ 时，抑制负一阶光边带；当上下臂射频信号相位差为 $-\pi/2$ 时，抑制正一阶光边带。

2. 仿真分析

下面介绍 VPI 的 SSB 调制仿真方案的具体仿真步骤：

(1) 选择合适的器件(如连续波激光器 CW_DSM、马赫曾德尔调制器、射频信号源、直流信号源、频谱分析仪等)搭建仿真电路，如图 4-9 所示。

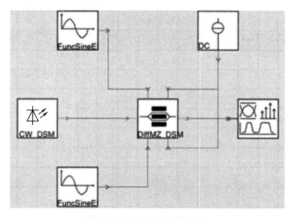

图 4-9　SSB 仿真电路

(2) 由上述数学推导可知，MZM 偏置相位 $\Delta\varphi=\pi/2$，MZM 工作在正交传输点上，半波电压设置为 5 V，上下两臂加载直流偏置均设置为 1.25 V。同时上下射频电信号相位差为 $\pm\pi/2$，选择 MZM 工作在 negative 状态，上臂加入的射频信号相位延迟设置为 0°，下臂加入的射频信号相位延迟分别设置为 $\pm90°$。射频电信号频率设置为 5 GHz，幅度为 1 V。参数设置如表 4-8 所示。

表 4 - 8　SSB 仿真电路参数设置

器　件	参　数
激光器	波长：1553.6 nm；功率：0 dBm；RIN：−130 dBc/Hz
调制器（MZM）	半波电压：5 V；插损：6 dB；消光比：35 dB
RF 信号	频率：5 GHz；幅度：1 V；相移：±90°
直流信号	电压：1.25 V

（3）运行仿真电路，观察频谱分析仪结果。

经过调制的信号仅由载波和一个一阶光边带构成，光边带与载波间隔为 5 GHz，光谱如图 4 - 10 和图 4 - 11 所示。

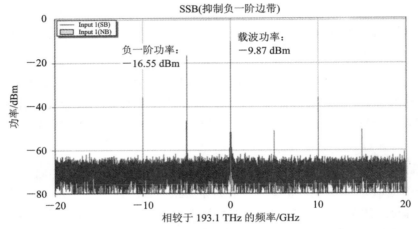

图 4 - 10　SSB 调制后的信号光谱（抑制正一阶边带）

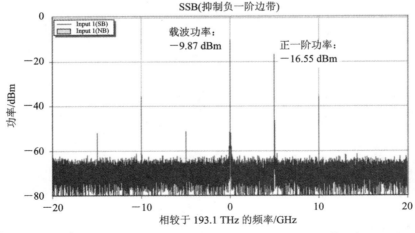

图 4 - 11　SSB 调制后的信号光谱（抑制负一阶边带）

从两张图中可以看到，正一阶边带和负一阶边带分别得到了抑制，只保留了光载波和一个边带分量的信号，满足单边带调制的特性。

将仿真值与模型计算值制表，如表 4 - 9 所示（插入损耗为 6 dB）。

表 4 - 9　SSB 调制模型计算值与仿真值对比

	SSB(抑制正一阶边带)		SSB(抑制负一阶边带)	
	计算值	仿真值	计算值	仿真值
载波功率/dBm	−9.89	−9.87	−9.89	−9.87
正一阶功率/dBm	—	—	−16.49	−16.55
负一阶功率/dBm	−16.49	−16.55	—	—

对比模型计算值和仿真值可以发现,两者数据吻合,且满足光谱中由光载波和一个与载波间隔为 5 GHz 的一阶光边带构成的条件,所以建模是正确的,同时该模型简单且便于搭建。

3. 注意事项

额外出现的一阶光边带是消光比不佳引起的,二阶以及三阶光边带是输入调制信号功率较大造成的。

4.1.5　抑制载波单边带调制

1. 原理介绍

利用 DPMZM 可以实现对于光信号的抑制载波单边带调制,生成 CS-SSB 信号。

令上下两臂输入的射频信号的幅值相等,记为 V_{RF},考虑小信号调制条件,因此 $m \ll 1$。为了产生 CS-SSB 信号,需要令输入到上下两个 MZM 的电信号相位差为 $\pi/2$,为了便于数学推导,这里记 $\cos(\omega_{RF1}t) = \cos(\omega_{RF}t)$,则 $\cos(\omega_{RF2}t) = \sin(\omega_{RF}t)$,输出可以写为

$$E_{out}(t) = E_C(t) J_1(m) \left[-\cos(\omega_{RF}t) + \sin(\omega_{RF}t) \exp\left(j \frac{\pi}{2} \right) \right]$$
$$= -E_C(t) J_1(m) \exp(-j\omega_{RF}t) \tag{4-12}$$

由式(4-12)可以看出,在小信号近似下,输出的光信号光谱中只含有一个一阶光边带,而光载波和另一个一阶光边带被抑制,实现了 CS-SSB 信号的生成,此时实现的是对下边带的调制。

对上边带的调制需要令上下两个 MZM 的电信号相位差为 $-\pi/2$,其余条件不变,此时输出为

$$E_{out}(t) = E_C(t) J_1(m) \left[-\cos(\omega_{RF}t) - \sin(\omega_{RF}t) \exp\left(j \frac{\pi}{2} \right) \right]$$
$$= -E_C(t) J_1(m) \exp(j\omega_{RF}t) \tag{4-13}$$

同样在小信号近似下,可以实现对光信号的上边带调制。

2. 仿真分析

下面介绍 VPI 的 CS-SSB 调制仿真方案的具体仿真步骤:

(1) 选择合适的器件(如连续波激光器 CW_DSM、功分器、马赫曾德尔调制器、射频信号源、直流信号源、信号延时器、频谱分析仪等)搭建仿真电路。因为在 VPI 中没有 DPMZM,所以需要根据其工作原理,利用两个独立的 MZM 和一个移相器拼接起来形成一个 DPMZM,仿真电路如图 4-12 所示。

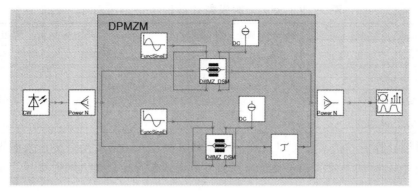

图 4-12　CS-SSB 仿真电路

（2）根据数学推导的结果可知，移相器的相位延迟需要设置为 $90°$。两个 MZM 均处于最小传输点上，其中一个偏置电压为 V_π，一个为 $-V_\pi$，所以设置两个 MZM 工作状态为 negative，半波电压为 5 V，上面的 MZM 上下两臂加入 2.5 V 的直流偏置，下面的 MZM 上下两臂加入 -2.5 V 的直流偏置。输入到上下两个 MZM 的射频电信号相位差为 $\pi/2$，设置上面的 MZM 上下两臂射频信号无相位延迟，下面的 MZM 上下两臂射频信号延迟分别为 $\pm 90°$，对应产生两种 CS-SSB 信号，射频信号频率均设置为 5 GHz，幅度为 1 V，仿真参数如表 4-10 所示。

表 4-10　CS-SSB 仿真电路参数设置

器　件	参　　数
激光器	波长：1553.6 nm；功率：0 dBm；RIN：-130 dBc/Hz
调制器（MZM）	半波电压：5 V；插损：6 dB；消光比：35 dB
RF 信号	频率：5 GHz；幅度：1 V；相移：相差 $\pm 90°$
直流信号	上路：2.5 V；下路：-2.5 V
信号延时器	延迟相移：$90°$

（3）运行仿真电路，观察频谱分析仪结果。

经过调制的信号仅由一个一阶光边带构成，其与载波频率间隔为 5 GHz，如图 4-13 和图 4-14 所示。

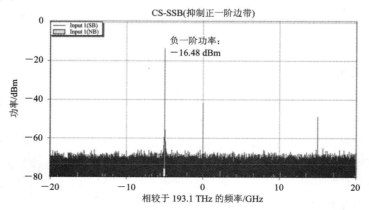

图 4-13　CS-SSB 调制后信号光谱（抑制正一阶边带）

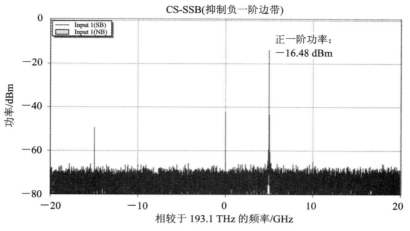

图 4 - 14　CS-SSB 调制后信号光谱(抑制负一阶边带)

从图 4 - 13、图 4 - 14 中可以看出,光载波得到了充分抑制,同时只产生了一阶的单边带,满足抑制载波单边带调制的特性。

将仿真值与模型计算值制表,如表 4 - 11 所示(插入损耗为 6 dB)。

表 4 - 11　**CS-SSB 调制模型计算值与仿真值对比**

	SSB(抑制正一阶边带)		SSB(抑制负一阶边带)	
	计算值	仿真值	计算值	仿真值
载波功率(dBm)	—	—	—	—
正一阶功率(dBm)	—	—	−16.49	−16.48
负一阶功率(dBm)	−16.49	−16.48	—	—

对比模型计算值和仿真值可以发现,两者数据吻合,且满足光谱中由一个与载波间隔为 5 GHz 的一阶光边带构成的条件,所以建模是正确的,同时该模型简单且便于搭建。

3. 注意事项

没有被完全抑制的光载波是由于消光比不佳引起的,高阶边带是因为信号功率较大造成的。此外,这里产生的正负一阶光边带也可以通过修改延时单元的相位改变量为 ±90° 来调整。

4.2　RoF 系统噪声

在 RoF 链路根据调制方式的不同可以分为直接调制链路和外调制链路,直接调制链路实现强度调制虽然结构简单、容易实现和成本较低,但是这种链路存在明显的问题,例如噪声系数较大,这会影响系统的灵敏度。相比于直接调制,外调制链路较为复杂,不易控制,但是有更好的增益和噪声系数,并且调制速率更高,这也是未来 RoF 链路调制的更优选择,本节我们将针对外调制链路的噪声进行仿真与分析。

4.2.1　RoF 噪声的种类及特性

由于光电探测是平方律检测，因而光链路输出的电信号功率与进入 PD 的光功率呈二阶规律变化[2]。光电探测后总噪声包括激光源引入的相对强度噪声（Relative Intensity Noise，RIN）、EDFA 放大自发辐射（Amplified Spontaneous Emission，ASE）噪声（可以等效为 RIN 噪声）、光电探测器引入的散弹噪声、热噪声[3]等。

1. 热噪声

热噪声功率谱在 1 THz 左右的范围内是平坦的，可视为白噪声，在绝对温度 T 下阻值为 R 的电阻器下的功率谱密度为

$$S_{\text{thermal}}(\omega) = 2KTR \qquad (4-14)$$

其中，$K = 1.38 \times 10^{-23} \text{J/K}$ 是玻耳兹曼常量。对 S_{thermal} 进行积分，利用维纳辛钦定理得到热噪声电流的方差为

$$\langle i_{\text{th}}^2(t) \rangle = \frac{4KTB}{R} \qquad (4-15)$$

其中，B 是接收机的等效噪声带宽，以 Hz 为单位。热噪声作用在负载电阻 R_{L} 上的功率为

$$p_{\text{thermal}} = \langle i_{\text{th}}^2(t) \rangle R_{\text{L}} \qquad (4-16)$$

当负载与电源电阻相匹配时的噪声示意图如图 4-15 所示。在这种情况下，热噪声电流只有一半会被传递到负载，导致最终热噪声功率表示如下：

$$p_{\text{thermal, RL}} = \frac{1}{4} \langle i_{\text{th}}^2(t) \rangle R = KTB \qquad (4-17)$$

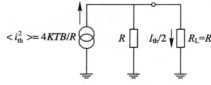

图 4-15　噪声示意图

2. 散射噪声

散弹噪声多存在于半导体器件中，在微波光子链路中主要是由光电探测器产生。与热噪声相同，散弹噪声的功率谱也是平坦的，属于白噪声，其功率谱密度如式（4-18）所示：

$$S_{\text{shot}}(\omega) = qI_{\text{PD}} \qquad (4-18)$$

其中，$q = 1.6 \times 10^{-19} \text{C}$ 是电子电荷，I_{PD} 是注入 PD 的光电流。再次使用维纳辛钦定理，散射噪声的电流方差可写为

$$\langle i_{\text{shot}}^2(t) \rangle = 2qI_{\text{PD}}B \qquad (4-19)$$

由此电流作用到负载电阻 R_{L} 的电功率为：

$$p_{\text{shot}} = \langle i_{\text{shot}}^2(t) \rangle R_{\text{L}} = 2qI_{\text{PD}}BR_{\text{L}} = 2q\eta P_{\text{PD, in}}BR_{\text{L}} \qquad (4-20)$$

其中，η 是 PD 的响应度，$P_{\text{PD, in}}$ 是链路注入 PD 的光信号功率。因此，散射噪声功率与 PD 接收到的光电流呈线性关系。

3. RIN 噪声

RIN 噪声可在接收器输出端处检测到的光电流波动中观察到，激光器相对强度噪声 $\text{rin}(\omega)$ 定义为相对功率波动 $\Delta p(t)/P_{\text{PD}}$ 的功率谱密度（PSD），其中 $\Delta p(t)$ 是由自发辐射引起的随机功率波动。

$$\langle \Delta p^2(t) \rangle = \frac{P_{\text{PD, in}}^2}{2\pi} \int_{-\infty}^{+\infty} \text{rin}(\omega) \, \mathrm{d}\omega \tag{4-21}$$

设在接收机噪声带宽 B 内 rin 是平坦的，并将 rin 定义为单边谱。得到光功率波动的方差为

$$\langle \Delta p^2(t) \rangle = \text{rin}(\omega) P_{\text{PD, in}}^2 B \tag{4-22}$$

则相对强度噪声电流的方差 i_{RIN} 可以写为

$$\langle i_{\text{RIN}}^2(t) \rangle = \text{rin} I_{\text{PD}}^2 B \tag{4-23}$$

将 rin 以分贝表示如下：

$$\text{RIN} = 10\lg(\text{rin}) \tag{4-24}$$

则

$$\langle i_{\text{RIN}}^2(t) \rangle = 10^{\frac{\text{RIN}}{10}} I_{\text{PD}}^2 B \tag{4-25}$$

得到传递给负载电阻的电功率为

$$p_{\text{RIN}} = \langle i_{\text{RIN}}^2(t) \rangle R_{\text{L}} = 10^{\frac{\text{RIN}}{10}} I_{\text{PD}}^2 B R_{\text{L}} = 10^{\frac{\text{RIN}}{10}} (\eta_{\text{PD}} P_{\text{PD, in}})^2 B R_{\text{L}} \tag{4-26}$$

4. ASE 噪声

为了提高转换增益，可以将掺铒光纤放大器（EDFA）用于功率放大。注入 EDFA 的平均光功率为 p_{EDFA}，从 EDFA 输出的光功率即注入 PD 的光功率为 $p_{\text{PD, in}}$，则 EDFA 的功率增益为

$$G_{\text{EDFA}} = \frac{p_{\text{PD, in}}}{p_{\text{EDFA}}} \tag{4-27}$$

则来自 EDFA 的 ASE 噪声功率为

$$p_{\text{ASE}} = i_{\text{ASE}}^2 \cdot R_{\text{L}} = n_{\text{SP}} h f_{\text{C}} (G_{\text{EDFA}} - 1) \eta_{\text{PD}} P_{\text{PD, in}} R_{\text{L}} \tag{4-28}$$

其中 n_{SP} 是自发辐射因子，h 是普朗克常数，f_{C} 是光频率。

5. 总链路噪声

参考图 4-16 来总结整个链路的噪声 p_{N}。

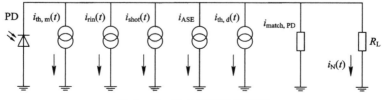

图 4-16　RoF 链路噪声模型

链路中的热噪声分为来自调制设备的 $i_{\text{th, m}}$ 和来自探测器的 $i_{\text{th, d}}$，由于施加了阻抗匹配（$R_{\text{match, PD}} = R_{\text{L}}$），得到总的噪声功率如下：

$$p_N = i_N^2(t) R_L$$

$$= \frac{1}{4} \left[i_{th,\,m}(t) + i_{shot}(t) + i_{rin}(t) + i_{th,\,d}(t) + i_{ASE} \right]^2 R_L$$

$$= (1+G) p_{th,\,mL} + \frac{1}{4} p_{shot} + \frac{1}{4} p_{rin} + \frac{1}{4} p_{ASE}$$

$$= \Big((1+G) KTB + \frac{1}{2} q \eta_{PD} P_{PD,\,in} B R_L + \frac{1}{4} 10^{\frac{RIN}{10}} (\eta_{PD} P_{PD,\,in})^2 B R_L +$$

$$\frac{1}{4} n_{sp} h f_C (G_{EDFA} - 1) \eta_{PD} P_{PD,\,in} R_L \Big) \tag{4-29}$$

其中 G 是链路增益，即来自调制器的热功率总量为 $GKTB$，来自光电探测器的热噪声总量为 KTB。链路增益在调制器产生的热噪声中发挥作用是因为噪声最初是在 APL 的输入端产生的，然后被传送至输出端。

将总噪声功率以 dBm/Hz 表示为

$$P_N \left[\frac{dBm}{Hz} \right] = 10 \lg \frac{p_N(B=1\ Hz)}{10^{-3}} \tag{4-30}$$

6. 噪声系数

由于电路或系统本身有噪声，因此输出端的信噪比和输入端信噪比是不相同的，为了衡量某一线性电路或系统的噪声特性，通常需要引入一个衡量电路或系统内部噪声大小的量度。有了这种量度就可以比较不同电路或系统噪声性能的好坏，也可以据此进行测量。该系数表征系统的噪声性能恶化程度的一个参量，并不是越大越好，它的值越大，说明在传输过程中掺入的噪声也就越大，反映了器件或者信道特性的不理想[4]。

噪声系数(noise figure, NF)是系统内部噪声大小的度量，描述信号经过系统传输后信噪比的恶化程度。噪声系数 NF 的定义由噪声因子 F 开始，$NF = 10 \lg(F)$。当输入噪声只是由匹配阻抗产生的热噪声时，NF 定义为是输入信噪比与输出信噪比的比率：

$$NF = 10 \lg \left(\frac{s_{in}/n_{in}}{s_{out}/n_{out}} \right) \tag{4-31}$$

由于输入噪声功率是来自阻抗匹配的负载，则 $n_{in} = KTBv$，且 $s_{out} = g s_{in}$，$n_{in} = P_N$，所以，噪声系数的表达式可写为

$$NF = 10 \lg \left(\frac{P_N}{GKTB} \right)$$

$$= 10 \lg (1+G) KTB + \frac{1}{2} q \eta_{PD} P_{PD,\,in} B R_L \ \frac{1}{4} 10^{\frac{RIN}{10}} (\eta_{PD} P_{PD,\,in})^2 B R_L +$$

$$\frac{\dfrac{1}{4} n_{sp} h v (G_{EOFA} - 1) \eta_{PD} P_{PD,\,in} R_L}{GKTB}$$

$$= 10 \lg \Big[1 + \frac{1}{G} + \frac{q \eta_{PD} P_{PD,\,in} R_L}{2 GKT} + \frac{10^{\frac{RIN}{10}} (\eta_{PD} P_{PD,\,in})^2 R_L}{4 GKT} +$$

$$\frac{n_{sp} h f_C (G_{EDFA} - 1) \eta_{PD} P_{PD,\,in} R_L}{4 GKT} \Big] \tag{4-32}$$

其中，G 与激光器的转换效率、输入光功率、光纤的损耗、调制器的半波电压等参数有关，因此这些参数会影响噪声系数式(4-32)中的噪声系数是在和分母中的热噪声相同的带宽下测得的，可看出噪声系数与带宽无关。NF 可以由变频增益 G 和光链路引入的噪声决定[5]：

$$NF = P_N - G + 174 \tag{4-33}$$

其中，$10 \lg(KT) \approx -174 \text{ dBm/Hz}$，$T = 290 \text{ K}$。

需要注意的是，对一个典型的微波光子系统，热噪声是系统噪声下限(进入 PD 光功率较低)。当进入 PD 的光功率逐渐增加时，散弹噪声和 RIN 噪声是系统噪声的主要来源，此时总噪声随光功率增长速率介于一次与二次之间，电功率增长速度快于总噪声，噪声系数随光功率增加而下降。因此许多研究致力于研制低 RIN、高输出功率的激光器[6-7]，低损耗的电光调制器以及高饱和电流的激光器[8-9]。

4.2.2　RoF 系统噪声仿真

通过建立外调制光链路噪声测试模型，分析链路总噪声随光源 RIN、光功率、线宽、光纤长度和噪声系数、光电解调响应度等的变化规律。

1. 仿真链路

搭建如图 4-17 所示链路，主要器件包括激光器，调制器，放大器，光纤和光电探测器等。激光器输出光信号进入调制器，同时信号源输出电信号进入调制器与光信号进行电光调制，调制器通过直流源的偏压输出工作在正交工作点，调制信号通过理想放大器进行信号放大，经过一定长度的光纤传输后进入 PD 拍频得到电信号。将电信号输入到双音信号分析仪一端，另一端接空源(Null Source)实现对单音信号的分析，设置信号分析仪输出模式为噪声功率，这样便完成了链路噪声功率的测量。最终测量结果输入到 2D 数值分析仪(Numerical Analyzer 2D)的 Y 信号输入端，Const 模块接入 X 信号输入端，Const 根据链路仿真实验中变量控制模块中的自变量的不同而进行对应的输入。

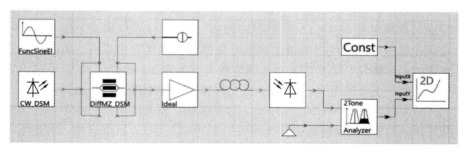

图 4-17　噪声测试的 VPI 仿真系统链路

所有仿真参数均与实际器件对齐，通过设置不同器件的不同参数进行 RoF 系统噪声分析。

2. 参数设置

对应仿真系统链路中的器件的关键参数设置如表 4-12 所示。除了对提及的参数进行设置外，其余的参数均采用默认参数。

表 4-12　仿真参数设置

器　件	参　数
激光器	RIN：-155 dB/Hz；线宽：1e6 Hz；功率：20e-3 W
信号源	幅度：0.316 a.u.；频率：10e9 Hz
直流源	幅度：0.875 V
调制器	半波电压：3.5 V；消光比：30 dB；插损：4 dB
放大器	噪声系数：4 dB；增益：20 dB；工作模式：PowerControlled
光纤	长度：0 m；衰减：0.2e-3 dB/m
光电探测器	响应度：0.75 A/W
双音信号分析仪	输出：NoisePower

全局变量如图 4-18 所示。

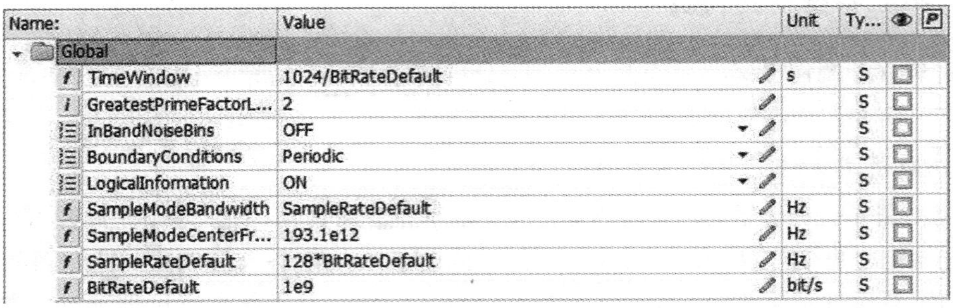

Name:	Value	Unit	Ty...	👁	P
Global					
f TimeWindow	1024/BitRateDefault	s	S	☐	
i GreatestPrimeFactorL...	2		S	☐	
InBandNoiseBins	OFF		S	☐	
BoundaryConditions	Periodic		S	☐	
LogicalInformation	ON		S	☐	
f SampleModeBandwidth	SampleRateDefault	Hz	S	☐	
f SampleModeCenterFr...	193.1e12	Hz	S	☐	
f SampleRateDefault	128*BitRateDefault	Hz	S	☐	
f BitRateDefault	1e9	bit/s	S	☐	

图 4-18　仿真系统全局变量参数详情

（1）时间窗口（TimeWindow）：每个数据块的持续时间周期。每次"运行"迭代都将模拟这段时间。通常设置为 (2^n)/BitRateDefault 的值，其中 n 是一个整数。最终光谱分辨率将等于 1/TimeWindow。

（2）最大素数极限（GreatestPrimeFactorLimit）：允许模拟最大素数（GPF）不超过指定限制的信号样本数。例如，对于 150 个样本，GPF 等于 5（150=2×3×5×5）。如果在模拟期间对信号进行重新采样，则可以自动调整（增加）新的采样率以满足上述条件。保持 GPF 极限对于确保在模拟中广泛使用的快速傅里叶变换的高速性非常重要。最高速度是通过默认设置 2 实现的，这相当于样本数量是 2 的整数次方的条件。建议将 GPF 限制设置为不大于 13。将其设置为-1 将停用 GPF 限制，这允许模拟信号中任意数量的样本。

（3）带内噪声区间（In-BandNoiseBins）：如果关闭，放大器产生的噪声将作为随机场添加到采样频带中（并将添加到频谱中其他地方的噪声区间中）；如果启用，则此噪声将作为统计信息保留在噪声区间中（即噪声区间将覆盖整个频谱）。设置为 ON 以进行确定性（BER）估计。

（4）边界条件（BoundaryConditions）：在大多数情况下应使用周期边界条件，每个区块将代表一个单独的"实验"，代表所有时间；非周期边界条件用于光子电路模拟，以及用于研究 EDFA、半导体激光器和放大器以及其他一些应用中的瞬态的 WDM 模拟，其中后续块表示连续波形的一部分；当需要在一个模拟中组合不同类型的边界条件时，应使用混合边界条件。

（5）逻辑信息（LogicalInformation）：逻辑信息由发射机生成，并用于重建传输的数据以进行 BER 估计和时钟恢复。如果设置为"ON"，则为每次模拟运行生成逻辑信息并将其保存在内存中；如果设置为"CurrentRun"，则只保留当前运行的信息（删除以前运行的数据以减少内存消耗）；如果设置为"OFF"，则不会生成逻辑信息。LogicalInformation＝OFF 对于光子电路模拟特别有用。

（6）采样模式带宽（SampleModeBandwidth）：设置了变送器和模块在输出端产生"样本"时的模拟带宽（样本率）（OutputDataType＝样本）。此参数仅用于光子电路模拟（"采样模式"）。如果 OutputDataType＝samples，则发射机模块的 SampleRate 参数会被 SampleModeBandwidth 覆盖。

（7）采样模式中心频率（SampleModeCenterFrequency）：在发射器和模块的输出端产生"样本"（OutputDataType＝样本）时，设置发射器和模块模拟带宽的中心光学频率。此参数仅用于光子电路模拟（"采样模式"）。在其他模拟中，模拟带宽以发射频率为中心。

（8）默认采样率（SampleRateDefault）：此参数通过参考传递给许多发射机和其他模块（其默认 SampleRate＝SampleRateDefault），因此可用于设置每个信道的模拟带宽。通常设置为$(2^m)*BitRateDefault$ 的值，其中 m 是一个整数（通常为 4，5，6）。如果通道模拟频带重叠，它们将合并。

（9）默认比特率（BitRateDefault）：此参数通过参考许多发射机模块（其默认 BitRate＝BitRateDefault）传递，因此可用于设置每个信道的比特率。通常设置为 2.5e9、10e9 或 40e9。

3. 仿真结果与分析

考虑到链路热噪声、散射噪声、RIN 噪声以及 EDFA 产生的 ASE 噪声，链路输出噪声与链路相关参数之间有如下数学关系式：

$$
\begin{aligned}
p_N &= i_N^2(t)R_L \\
&= \frac{1}{4}\left[i_{\text{th, m}}(t)+i_{\text{shot}}(t)+i_{\text{RIN}}(t)+i_{\text{th, d}}(t)+i_{\text{ASE}}\right]^2 R_L \\
&= (1+G)p_{\text{th, mL}}+\frac{1}{4}p_{\text{shot}}+\frac{1}{4}p_{\text{RIN}}+\frac{1}{4}p_{\text{ASE}} \\
&= (1+G)KTB+\frac{1}{2}q\eta P_{\text{PD, in}}BR_L+\frac{1}{4}10^{\frac{\text{RIN}}{10}}(\eta P_{\text{PD, in}})^2 BR_L+ \\
&\quad \frac{1}{4}n_{\text{sp}}hf_C(G_{\text{EDFA}}-1)\eta P_{\text{PD, in}}R_L
\end{aligned}
\tag{4－34}
$$

其中，K 为玻耳兹曼常量，q 为电子电荷量，h 为普朗克常量，f_C 为光频率，n_{sp} 为自发辐射因子，T 为工作温度，B 为等效噪声带宽，η 为激光器响应度。

另外，噪声功率表达式可随具体的 RoF 链路对器件参数做适当取舍。

使用 VPI 光学软件仿真，首先将激光器、光放大器的偏振状态设置为 X，确定仿真链路的光为单一偏振态，设置调制器保持偏置正交点，光纤长度设置为 0 m。

然后，通过创建扫描控制的方法，如图 4－19(a)所示，双击打开器件参数表，确定需要改变的参数，点击鼠标右键创建 Create Sweep Control，弹出如图 4－19(b)中所示的 Define Control 模块，设置数值上限（Upper Limit）、数值下限（Lower Limit）、分割类型（Division

Type)和分割数值(Division Value)。点击确认,生成如图 4-19(c)的控制面板,可以通过面板完成自变量参数遍历扫描的功能。仿真完成关闭提示是否保存,选择保存产生如图 4-19(d)所示的模块,便于后期再次仿真的工作。

(a) 器件属性面板

(b) 控制参数面板

(c) 扫面控制面板

(d) 扫描控制保存示意

图 4-19　扫描控制

最后,依照表 4-12 的基础参数设置进行赋值,再根据每个器件的参数特性分别设置不同的参数,得到对热噪声、散射噪声、RIN 噪声、ASE 噪声以及最终输出噪声的影响和 VPI 仿真结果,再使用 Origin 等绘图软件综合画出仿真结果图,分析仿真结果得出结论。

1) 激光器

(1) 线宽。

设置激光器线宽从 100 KHz 到 10 MHz 进行变化,根据内容分别仿真每种噪声的输出情况,如图 4-20 所示。图 4-20(a)、(c)、(e)、(g)、(i)分别为链路不加光纤的 RIN 噪声、热噪声、散射噪声、ASE 噪声和总噪声输出曲线图;图 4-20(b)、(d)、(f)、(h)、(j)分别为链路加光纤的 RIN 噪声、热噪声、散射噪声、ASE 噪声和总噪声输出曲线图;将 VPI 仿真结果综合起来得到图 4-21(a),可知激光器线宽对输出噪声没有影响;但是,由于光纤会使激光器相位噪声转换为强度噪声,因此引入长度为 20 km 的光纤进行仿真分析,随着激光器线宽的增大,热噪声、散射噪声、RIN 噪声、ASE 噪声和链路总噪声会先增大后趋于稳定,如图 4-21(b)所示。

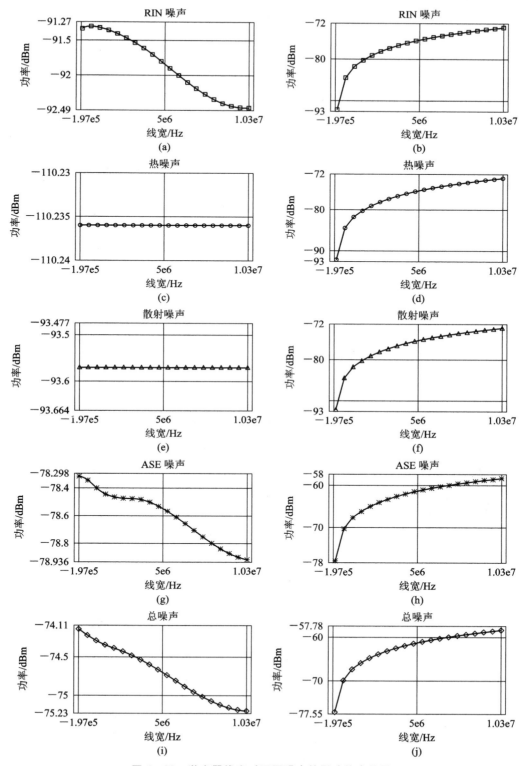

图 4 - 20　激光器线宽对不同噪声的影响仿真结果

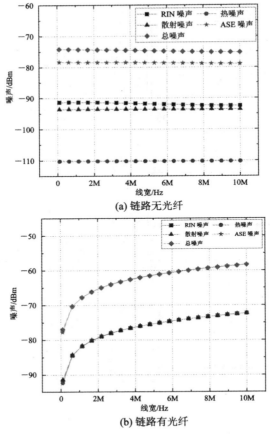

(a) 链路无光纤

(b) 链路有光纤

图 4 - 21 激光器线宽与链路噪声的关系

(2) 输出光功率。

为了便于观测激光器功率变化及测量，对图 4 - 17 的链路进行改变，增加可调光衰减和功率计器件，其他结构保持不变，如图 4 - 22 所示。

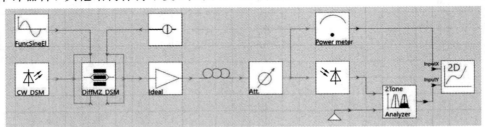

图 4 - 22 激光器输出功率仿真链路

设置激光器功率从 −20 dBm 到 20 dBm 进行变化，通过测量 PD 接收光功率与链路噪声，分析仿真结果。根据内容分别仿真每种噪声的输出情况，如图 4 - 23 所示。图 4 - 23 (a)、(c)、(e)、(g)、(i) 分别为链路不加光纤的 RIN 噪声、热噪声、散射噪声、ASE 噪声和总噪声输出曲线图；图 4 - 23(b)、(d)、(f)、(h)、(j) 分别为链路加光纤的 RIN 噪声、热噪声、散射噪声、ASE 噪声和总噪声输出曲线图，将 VPI 仿真结果综合起来得到图 4 - 24，可知 PD 接收功率对热噪声没有影响；当散射噪声、RIN 噪声、ASE 噪声和链路总体噪声以

dBm 为单位时，散射噪声功率随着激光器的功率呈现斜率为 1 的线性增大趋势，RIN 噪声和 ASE 噪声功率随着激光器的功率呈现斜率为 2 的线性增大趋势，总体链路噪声在激光器功率不同时，分别由不同的链路噪声占主导。

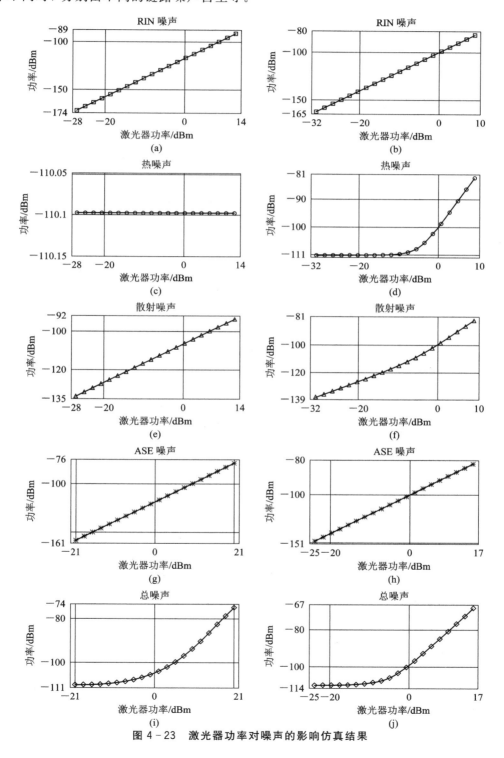

图 4-23　激光器功率对噪声的影响仿真结果

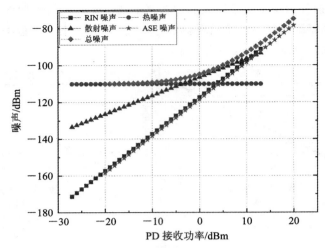

图 4-24 无光纤时激光器输出功率和链路噪声的关系

对 RIN 噪声、散射噪声以及热噪声综合分析：

对比图 4-24 和图 4-25，当激光器功率较小时，链路噪声由热噪声占主导；随着激光器功率的增加，主导噪声转换为散射噪声；继续增加激光器功率，则最终的主导噪声将转换为 RIN 噪声；加入光纤后，在激光器功率较小时，链路的主导噪声已经变为 RIN 噪声。

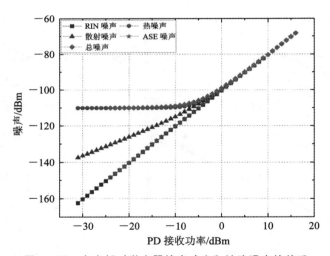

图 4-25 有光纤时激光器输出功率和链路噪声的关系

2）电光调制器

（1）半波电压。

设置激电光调制器半波电压从 1 V 到 7 V 进行变化，如图 4-26 所示。图 4-26(a)、(b)、(c)、(d)、(e)分别为链路的 RIN 噪声、热噪声、散射噪声、ASE 噪声和总噪声输出曲线图，将 VPI 仿真结果综合起来得到图 4-27，可知调制器的半波电压对热噪声、散射噪声、RIN 噪声、ASE 噪声和链路总体噪声没有影响。

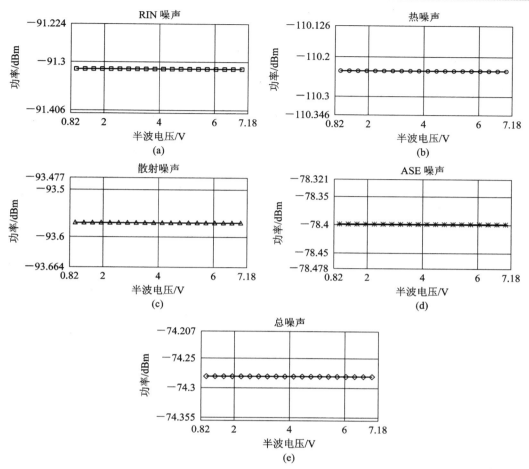

图 4-26　调制器半波电压对噪声的影响仿真结果

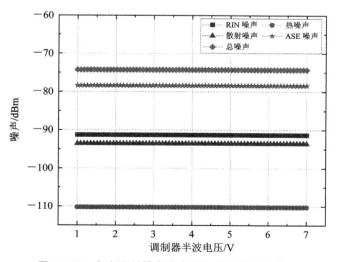

图 4-27　电光调制器半波电压和链路噪声的关系

（2）消光比。

设置激电光调制器消光比从 10 dB 到 40 dB 进行变化，如图 4-28 所示。图 4-28(a)、(b)、(c)、(d)、(e)分别为链路的 RIN 噪声、热噪声、散射噪声、ASE 噪声和总噪声输出曲线图，将 VPI 仿真结果综合起来得到图 4-29，可以看到调制器的消光比对热噪声、散射噪声、RIN 噪声、ASE 噪声和链路总体噪声有细微的影响，但是整体上没有明显影响。

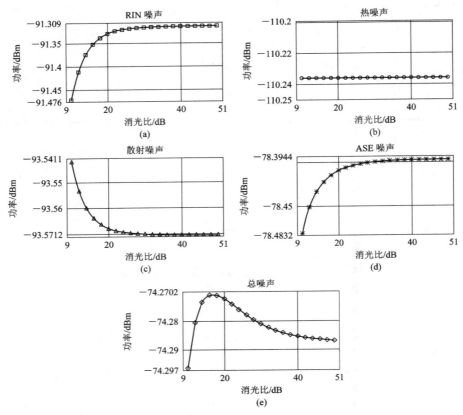

图 4-28 调制器消光比对噪声的影响仿真结果

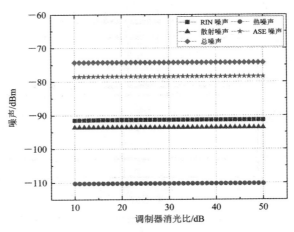

图 4-29 电光调制器消光比和链路噪声的关系

3）光电探测器响应度

设置光电探测器响应度从 0.2 A/W 到 1.8 A/W 进行变化，如图 4 - 30 所示。图 4 - 30
（a）、（b）、（c）、（d）、（e）分别为链路的 RIN 噪声、热噪声、散射噪声、ASE 噪声和总噪声
输出曲线图，将 VPI 仿真结果综合起来得到图 4 - 31，可知光电探测器的响应度对**热噪声**
没有影响，随着光电探测器响应度的增加，链路的散射噪声、RIN 噪声、ASE 噪声和链路
总体噪声会先增大后增大减缓最终趋于稳定的。

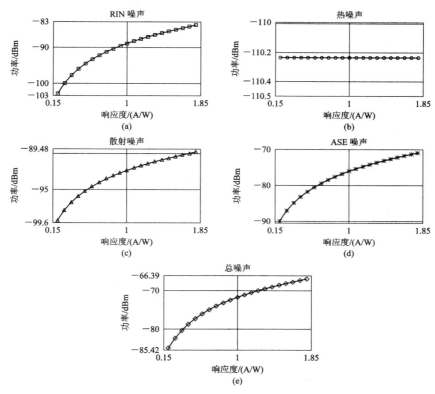

图 4 - 30　光电探测器响应度对噪声的影响仿真结果

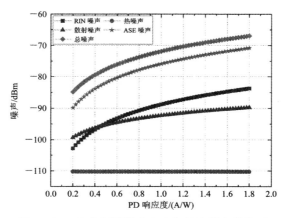

图 4 - 31　光电探测器响应度和链路噪声的关系

4.3　RoF(正交点 IMDD)的主要技术指标

在 RoF 系统中，有许多能够反映系统性能的指标。本节将分别介绍系统增益、噪声系数以及动态范围等指标的概念，给出影响指标的因素，并在 VPI 中进行仿真验证。

4.3.1　系统增益

1. 理论意义

系统增益实际上就是输出功率与输入功率的比值[5]。如图 4 - 32 所示，在负载阻抗与源阻抗相匹配的情况下(即 $R_L = R_S = R$ 时)，传输给负载的功率为

$$P_S = \frac{V_S^2}{4R} \qquad (4-35)$$

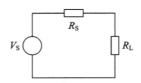

图 4 - 32　阻抗匹配系统示意图

首先将链路建模为一个与电压信号源串联的双端口射频系统，串联电阻为 R_S，负载电阻为 R_L，$R_L = R_S = R$，如图 4 - 33 所示。

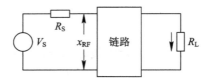

图 4 - 33　双端口射频系统示意图

链路增益(即输入与输出功率之比)，定义为

$$G = \frac{P_L}{P_S} = \frac{\left(\frac{1}{2} I_{PD}\right)^2 R_L}{\frac{V_S^2}{4R_S}} = \frac{I_{PD}^2 R^2}{V_S^2} \qquad (4-36)$$

其中，P_S 表示总功率；P_L 表示负载功率；V_S 表示源电压；I_{PD} 是 PD 输出电流的一阶分量的幅值，由于阻抗匹配，流经负载的射频电流是 $I_{PD}/2$。

已知激光器输出的光场为 E_c，输入到 MZM 中与射频信号进行调制，输入 MZM 的射频信号为 $x_{RF}(t)$，直流偏压为 V_{DC}，MZM 的损耗为 α_{MZM}，MZM 在正交调制点处的输出光场为

$$E_{\text{out, MZM}} = \frac{E_C}{2\sqrt{\alpha_{\text{MZM}}}} \left[J_0(m) e^{j\omega_C t} + j J_1(m) e^{j\omega_C t + j\omega_{\text{RF}} t} - j J_1(m) e^{j\omega_C t - j\omega_{\text{RF}} t} \right] \tag{4-37}$$

其中 $m = \pi V_{\text{RF}} / V_{\pi,\text{RF}}$ 为调制指数，V_{RF} 为输入射频信号 $x_{\text{RF}}(t)$ 的幅度。

光纤模块对信号的影响较为复杂，光信号中不同频率分量在光纤中具有不同的传播速度，因此到达光纤终端的时间不同，引起信号的相位发生变化，从而导致各种非线性效应。在这里我们只考虑其损耗和色散。

假设光载波和 ±1 阶光边带引入的相位变化分别为 θ_0、θ_{+1} 和 θ_{-1}，则光信号经过光纤后，可表示为

$$E_{\text{out, MZM}} = \frac{E_C}{2\sqrt{\alpha_{\text{MZM}}\alpha_{\text{SMF}}}} \left[J_0(m) e^{j\omega_C t - j\theta_0} + j J_1(m) e^{j\omega_C t + j\omega_{\text{RF}} t - j\theta_{+1}} - j J_1(m) e^{j\omega_C t - j\omega_{\text{RF}} t - j\theta_{-1}} \right]$$

$$\tag{4-38}$$

经过 PD 得到光电流的幅值 I_{PD} 可以表示为

$$
\begin{aligned}
I_{\text{PD}} &= \eta \cdot |H_{\text{PD}}| \cdot |E_{\text{out, MZM}}(t)|^2 \\
&= \frac{\eta |H_{\text{PD}}| E_C^2}{\alpha_{\text{MZM}}\alpha_{\text{SMF}}} \cdot \left[\frac{1}{2} J_0^2(m) + J_1^2(m) \right] + \frac{\eta |H_{\text{PD}}| E_C^2}{\alpha_{\text{MZM}}\alpha_{\text{SMF}}} \cdot J_1^2(m) \cdot \cos(2\omega_{\text{RF}} t - \theta_{+1} + \theta_{-1}) + \\
&\quad \frac{2\eta \cdot |H_{\text{PD}}| E_C^2}{\alpha_{\text{MZM}}\alpha_{\text{SMF}}} \cdot J_0(m) J_1(m) \cdot \cos\left(\frac{2\theta_0 - \theta_{+1} - \theta_{-1}}{2} \right) \cdot \cos\left(\omega_{\text{RF}} t + \pi + \frac{\theta_{-1} - \theta_{+1}}{2} \right)
\end{aligned}
$$

$$\tag{4-39}$$

其中，η 是 PD 的响应度，$H_{\text{PD}}(f)$ 是光电二极管电路滤波函数。理想情况下 $H_{\text{PD}}=1$，但实际中，宽带光电二极管通常会采用一个阻抗匹配电路来实现这个匹配电路与负载之间的电流分配，所以对于 IMDD 链路有 $H_{\text{PD}}=1/2$。因此，H_{PD} 的值视具体链路结构而定。

假设光纤的传播常数为 $\beta(\lambda)$，λ_C 为光载波波长，则 θ_0，θ_{+1}，θ_{-1} 可分别表示为

$$\theta_0 = \beta(\lambda_C) L \tag{4-40}$$

$$
\begin{aligned}
\theta_{+1} &= \beta(\lambda_C + \Delta\lambda) L \\
&= \left[\beta(\lambda_C) + \Delta\lambda \cdot \beta_1(\lambda_C) + \frac{1}{2} \cdot (\Delta\lambda)^2 \cdot \beta_2(\lambda_C) \right] \cdot L
\end{aligned}
\tag{4-41}
$$

$$
\begin{aligned}
\theta_{-1} &= \beta(\lambda_C - \Delta\lambda) L \\
&= \left[\beta(\lambda_C) + \Delta\lambda \cdot \beta_1(\lambda_C) - \frac{1}{2} \cdot (\Delta\lambda)^2 \cdot \beta_2(\lambda_C) \right] \cdot L
\end{aligned}
\tag{4-42}
$$

其中，$\beta_2(\lambda) = \dfrac{-2\pi c D}{\lambda^2}$，$\Delta\lambda = \dfrac{-c \Delta f}{f^2}$，则有

$$\frac{2\theta_0 - \theta_{+1} - \theta_{-1}}{2} = -\frac{1}{2} \cdot (\Delta\lambda)^2 L \cdot \beta_2(\lambda_C) = \frac{\pi D \lambda_C^2 (\Delta f)^2 L}{c} \tag{4-43}$$

其中，$\Delta\lambda$ 和 Δf 为一阶光边带与光载波的波长差和频率差，c 为真空中光速，L 为光纤的长度，D 为单模光纤的色散系数，将上式带入 PD 的光电流方程，可得一阶分量的电流为

$$I_{\text{PD, RF}} = \frac{2\eta |H_{\text{PD}}| E_C^2 \cdot J_0(m) J_1(m)}{\alpha_{\text{MZM}}\alpha_{\text{SMF}}} \cdot \cos\left(\frac{\pi D \lambda_C^2 (\Delta f)^2 L}{c} \right) \cdot \cos\left(\omega_{\text{RF}} t + \pi + \frac{\pi c D}{\lambda_C^2} \right)$$

$$\tag{4-44}$$

在小信号下，$J_0(m) = 1$，$J_1(m) = m/2 = \pi V_{RF}/2V_{\pi,RF}$，且 $P_C = E_C^2$，则 $I_{PD,RF}$ 可写为

$$I_{PD,RF} = \frac{\pi \cdot \eta |H_{PD}| P_C V_{RF}}{V_{\pi,RF} \cdot \alpha_{MZM} \alpha_{SMF}} \cdot \cos\left[\frac{\pi D \lambda_C^2 (\Delta f)^2 L}{c}\right] \cdot \cos\left(\omega_{RF} t + \pi + \frac{\pi c D}{\lambda_C^2}\right) \quad (4-45)$$

将 $I_{PD,RF}$ 带入求增益的表达式中，又由于调制器的阻抗匹配，使得 $x_{RF}(t) = V_S(t)/2$，求得外调链路的增益为

$$G = \left(\frac{\pi \cdot \eta P_C R}{4\alpha_{MZM} \cdot \alpha_{SMF} \cdot L \cdot V_{\pi,RF}}\right)^2 \cdot |H_{PD}|^2 \cos^2\left[\frac{\pi D \lambda_C^2 (\Delta f)^2 L}{c}\right] \cdot \cos^2\left(\omega_{RF} t + \frac{\pi c D}{\lambda_C^2}\right)$$

$$(4-46)$$

则 RF 信号总输出功率为

$$P_{RF,out} = P_{RF,in} \cdot G$$

$$= P_{RF,in} \cdot \left(\frac{\pi \cdot \eta P_C R}{4\alpha_{MZM} \cdot \alpha_{SMF} \cdot L \cdot V_{\pi,RF}}\right)^2 \cdot |H_{PD}|^2 \cos^2\left(\frac{\pi D \lambda_C^2 (\Delta f)^2 L}{c}\right) \cdot$$

$$\cos^2\left(\omega_{RF} t + \frac{\pi c D}{\lambda_C^2}\right) \quad (4-47)$$

2. 仿真分析

1）仿真及参数设置

具体的仿真和参数设置如图 4-34 和表 4-13 所示。

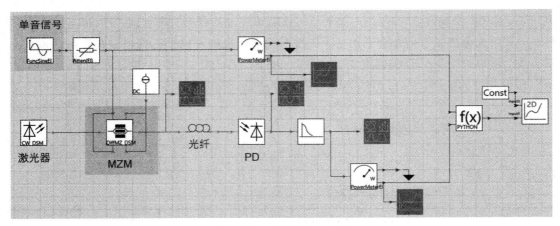

图 4-34　增益仿真示意图

表 4-13　仿真参数设置

器　件	参　　数
激光器	中心频率：193.1e12 Hz；线宽：1e6 Hz；RIN 噪声：-155 dB；功率：20e-3 W
RF 信号（单音）	中心频率：5e9 Hz；功率：-10 dBm
调制器	半波电压：3.5 V；消光比：35 dB，插损：4 dB
光纤	色散系数：16e-6 s/m²；长度：20e3 m；衰减：0 dB/m
光电探测器	响应度：0.7 A/W

2）仿真结果与分析

（1）激光器线宽。

在图 4-34 所示的仿真链路中逐渐改变激光器的线宽，最终的测量结果如图 4-35 所示，可以从图 4-35 中观察到激光器的线宽对系统的增益没有影响。

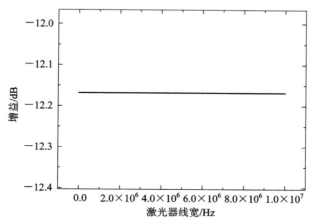

图 4-35　增益与激光器线宽的关系

（2）激光器输出功率。

在图 4-34 所示的仿真链路中逐渐改变激光器的输出功率，最终的测量结果如图 4-36 所示，可以从图 4-36 中观察到系统增益随着激光器功率的平方线性增大。

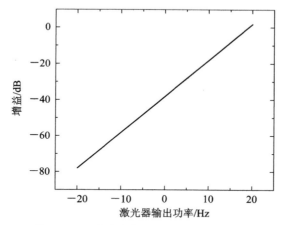

图 4-36　增益与激光器输出功率的关系

（3）调制器偏置电压。

在图 4-34 所示的仿真链路中逐渐改变调制器的偏置电压，最终的测量结果如图 4-37 所示，可以从图 4-37 中观察到随着调制器偏置电压的增大，系统的增益呈周期性变化，且在偏置电压等于半波电压一半时，增益为最大值。

（4）光纤长度。

在图 4-34 所示的仿真链路中逐渐改变光纤的长度，最终的测量结果如图 4-38 所示，可以从图 4-38 中观察到随着光纤长度的增加，系统的增益呈周期性变化。

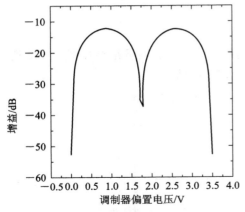

图 4 - 37　增益与调制器偏置电压的关系

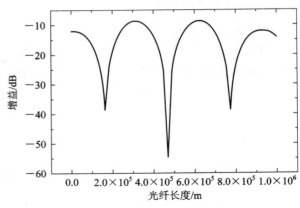

图 4 - 38　增益与光纤长度的关系

（5）光电探测器响应度。

在图 4 - 34 所示的仿真链路中逐渐改变光电探测器的响应度，最终的测量结果如图 4 - 39 所示，可以从图 4 - 39 中观察到系统的增益随响应度的平方线性增大。

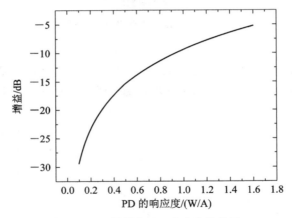

图 4 - 39　增益与 PD 响应度的关系

3）具体仿真操作

（1）全局变量。

增益仿真操作设置的全局变量如图 4 - 40 所示。

Name:	Value		Unit	Type	👁	🅿
▼ 📁 Global						
f TimeWindow	512 / 10e9	🖉	s	S	☐	
i GreatestPrimeFactorL...	2	🖉		S	☐	
☰ InBandNoiseBins	OFF	▼ 🖉		S	☐	
☰ BoundaryConditions	Periodic	▼ 🖉		S	☐	
☰ LogicalInformation	ON	▼ 🖉		S	☐	
f SampleModeBandwidth	160.0 * 1e9	🖉	Hz	S	☐	
f SampleModeCenterFr...	193.1e12	🖉	Hz	S	☐	
f SampleRateDefault	160.0 * 1e9	🖉	Hz	S	☐	
f BitRateDefault	10e9	🖉	bit/s	S	☐	

图 4 - 40　增益仿真全局变量

（2）扫频操作。

在此以对激光器的线宽扫频为例，首先，双击激光器打开激光器的参数表，找到线宽，如图 4 - 41 方框标注部分。

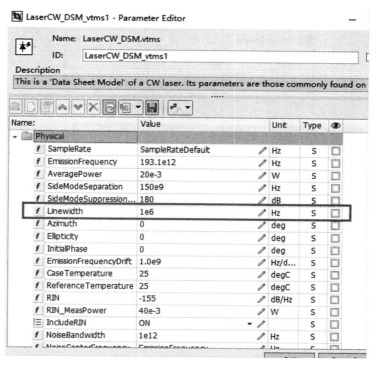

图 4 - 41　激光器线宽设置

鼠标点击右键，选择设置扫频，如图 4 - 42 所示。

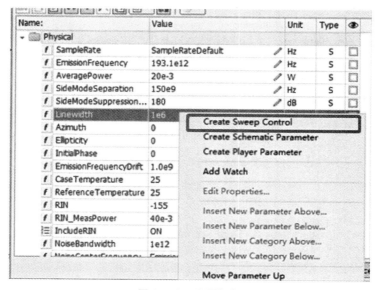

图 4 - 42　设置扫频

然后根据想要进行扫频的范围填写扫频的上下限和扫频的方式，扫频的方式有 3 种，第 1 种是设置点数，第 2 种是设置步长，第 3 种是设置百分比。最常用的为第 1 种和第 2 种。在此我们设置扫频范围为 0～1e7，选择点数扫频，设置点数为 50 个。全部设置完成后点击"OK"，如图 4 - 43 所示。

图 4 - 43　扫频上下限和方式的选择

　　点击图中方框标注的三角就可以扫频，如图 4 - 44 所示。

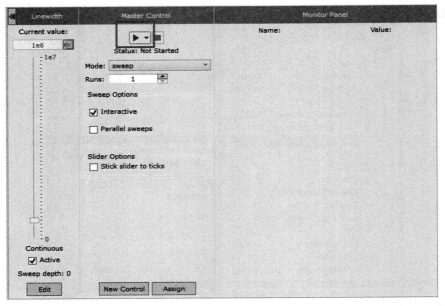

图 4 - 44　扫频操作

4.3.2 噪声系数

噪声系数是系统内部噪声大小的度量参数，描述信号经过系统传输后信噪比的恶化程度[10-11]。NF 可以由变频增益 G 和光链路引入的噪声决定：

$$NF = 174 - G + N_{out} \qquad (4-48)$$

其中，N_{out} 为链路的底噪。

研究表明，光电探测是平方率检测，光链路输出的电信号功率与进入 PD 的光功率呈二阶规律变化。光电探测后总噪声包括激光源引入的相对强度噪声（Relative Intensity Noise，RIN）、EDFA 放大自辐射（Amplified Spontaneous Emission，ASE）噪声（可以等效为 RIN 噪声）、光电探测器引入的散弹噪声和热噪声，它们之间的关系如下：

$$N_{out} = N_{RIN} + N_{shot} + N_{th} \qquad (4-49)$$

可以从式(4-49)看出，当知道系统的增益与底噪之后就可以计算获得 NF 的值。

IMDD 链路的输入信号电谱与输出信号电谱如图 4-45 所示。

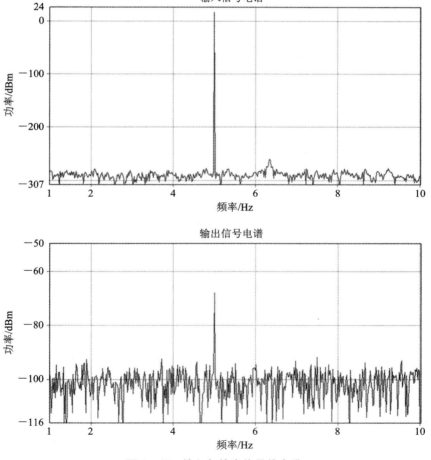

图 4-45 输入与输出信号的电谱

可得系统的增益为 -85 dB,而底噪的大小为 -179 dBm/Hz,则系统的噪声系数为80。

4.3.3 动态范围

1. 理论推导

无杂散动态范围(Spurious-Free Dynamic Range, SFDR)是微波光子系统中衡量系统非线性性能的重要指标,它反映了输入链路中射频信号的有效工作范围[12]。其定义为允许输入的最大可接收射频信号和最小可检测射频信号功率之比。接下来以单纯的微波光子链路(即输入 RF 信号不经过变频直接 PD 检测)来说明系统的 SFDR,对于变频系统而言引入 LO 信号进行变频后系统的 SFDR 类似。

当输入信号功率过大时,会引起非线性效应,导致系统产生额外的频率分量。两个或两个以上频率的信号经过非线性的系统传输之后,相互影响,产生了其他频率的干扰信号。由图 4-46 可见,频率分别为 f_1 和 f_2 的双音信号,经过非线性系统后产生了一系列交调分量,其中频率为 $2f_2-f_1$、$2f_1-f_2$ 的三阶交调失真(Third-order Intermodulation Distortion, IMD_3)分量幅度最大、距离主频信号最近,影响也最大,因此 IMD_3 成为了微波光子系统中交调失真的主要考虑项,也是衡量微波光子混频系统非线性的重要指标。

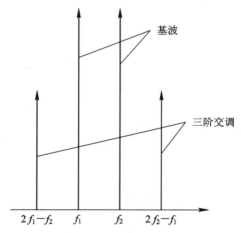

图 4-46 非线性微波光子混频系统输出的电谱示意图

图 4-47 给出了非线性系统中输出功率随输入功率的变化曲线。其中,基频信号功率曲线斜率为1,反映了链路的输出射频信号功率随输入射频功率的变化关系,即增益。IMD_3 分量曲线斜率为3,其增长速度是基频信号的3倍。两条曲线的相交点称为三阶交调截止点(Third-order Intercept Point, IP_3)[13],此时相对应的输入射频功率称为输入三阶交调截止点(Input Third-order Intercept Point, IIP_3),输出功率称为输出三阶交调截止点(Output Third-order Intercept Point, OIP_3)。

输入 RF 信号较小时,输出的基频信号被淹没在噪声中,以至于输出端无法检测到有用信号。当输入射频信号增大到一定程度时,IMD_3 分量越过噪声,此时将会对有用信号的检测带来严重影响。

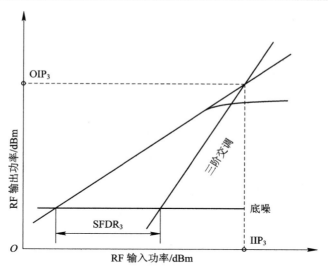

图 4 - 47　RF 输出功率随输入功率的变化曲线

微波光子混频系统的动态范围由噪声系数和非线性决定，主要包括线性动态范围和各阶 SFDR。其中 SFDR 由于可以表征宽带射频信号响应范围而更受关注。n 阶 SFDR（SFDR_n）的下限取决于噪声系数，上限取决于 n 阶输入截止点（Input Intercept Point，IIP_n）。由于调制器和光电探测器固有的非线性，一定带宽的射频信号经过光链路后会出现各阶交调失真，谐波和失真强度随阶数增加而降低，因此一般只考虑二阶和三阶交调失真。当电光调制器设置在正交点时，可以抑制二阶分量。

在以三阶交调失真为主要非线性来源的光子链路中，根据图 4 - 48 可以得到 SFDR_3 的通用表达式，过程如下所示：

$$x = \frac{\text{OIP}_3 - P_n}{3} \tag{4-50}$$

$$x + \text{SFDR}_3 = \text{OIP}_3 - P_n \tag{4-51}$$

则

$$\text{SFDR}_3 = \frac{2}{3}(\text{OIP}_3 - P_n) \tag{4-52}$$

将式（4 - 50）代入后即可得

$$\text{SFDR}_3 = \frac{2}{3}(\text{OIP}_3 - NF - G + 174)\,(\text{dB} \cdot \text{Hz}^{\frac{2}{3}}) \tag{4-53}$$

由于 OIP_3 和 IIP_3 存在以下关系：

$$\text{OIP}_3 = \text{IIP}_3 + G \tag{4-54}$$

因此有：

$$\text{SFDR}_3 = \frac{2}{3}(\text{IIP}_3 - NF + 174)\,(\text{dB} \cdot \text{Hz}^{\frac{2}{3}}) \tag{4-55}$$

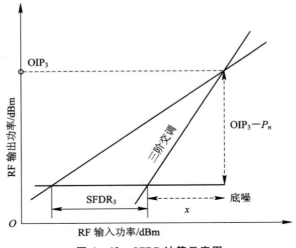

图 4-48　SFDR 计算示意图

同理可以得到以 n 阶交调失真为主要非线性来源的微波光子系统的动态范围为

$$\text{SFDR}_n = \frac{n-1}{n}(\text{IIP}_n - NF + 174)(\text{dB} \cdot \text{Hz}^{\frac{n-1}{n}}) \qquad (4-56)$$

通过表达式(4-56)可以看出,微波光子系统中 SFDR 的大小与链路噪声和三阶交调失真有关,因此,可以从抑制噪声和三阶交调失真两个方面入手来提高系统的 SFDR。

2. 仿真和分析

1) 仿真及参数设置

具体的仿真和参数设置如图 4-49 和表 4-14 所示。

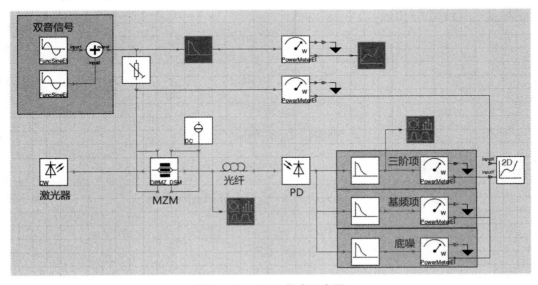

图 4-49　SFDR 仿真示意图

表 4 - 14 仿真参数设置

器　件	参　数
激光器	中心频率：193.1e12 Hz；线宽：1e6 Hz；RIN：噪声-155 dB；功率：40e-3 W
RF 信号（双音）	中心频率：3.5e9 & 3.6e9 Hz；功率：-10 dBm
调制器	半波电压：3.5 V；消光比：35 dB；插损：4 dB
光纤	色散系数：16e-6 s/m^2；长度：20e3 m；衰减：0.2e-3 dB/m
光电探测器	响应度 0.7 A/W

2）仿真结果与分析

动态范围仿真结果如图 4 - 50 所示。

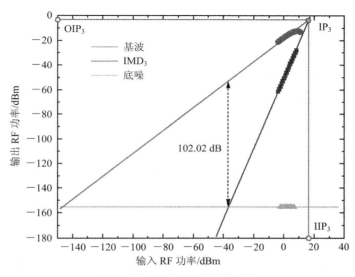

图 4 - 50 SFDR 仿真测量结果

由图 4 - 50 可知：

（1）随着射频输入的增大，噪声环境不变保持恒定，输出信号的一阶分量与输入射频成一次线性关系；

（2）随着射频输入的增大，噪声环境不变保持恒定，输出信号的三阶交调分量与输入射频成三次线性关系；

（3）通过一阶分量和三阶随输入射频功率变化趋势结合所测得噪底即可求得整个系统的最大可接收信号功率与最小可检测信号功率，仿真计算得到 SFDR$=102.02$ dB $\cdot$ Hz$^{\frac{2}{3}}$。

4.4　RoF 中 MZM 偏压点对系统的影响

在光载射频链路中，会涉及到调制器的使用，在调制器使用时，经常需要调节其偏压工作点来达到对信号的处理。在调节偏压点的过程中，除了工作点的变化，还伴随着系统噪声和其它谐波功率的变化，而这些噪声和谐波的存在又会影响到整个系统的性能和最终生成的信号质量。因此，研究调制器偏压点对系统的影响，对于光载射频链路中调制器偏压点的选择具有十分重要的参考意义。

4.4.1 RoF 中 MZM 偏压点对噪声的影响

1. 方案目的

了解调制器的偏压大小对于链路中噪声的影响，熟悉链路中噪声的组成和产生原因。

2. 方案原理

方案链路框图如图 4-51 所示。

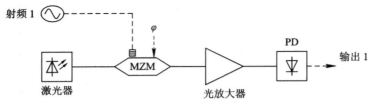

图 4-51   方案框图

方案链路包括激光器（LD）、电光调制器（MZM）、光放大器（EDFA）以及光电探测器（PD）等器件。链路中，光信号和 RF 信号先进入电光调制器调制，然后通过 EDFA 对光信号进行功率补偿，最后在接收端进行光电解调，恢复 RF 信号。

当 MZM 工作在推挽模式下，加载在上下臂的射频信号相位差 $\varphi=\pi$，MZM 输出的信号为：

$$E_{\text{out, MZM}}(t)=\frac{E_{\text{C}}(t)}{2\sqrt{\alpha_{\text{MZM}}}}\left[\exp(jm\cos(\omega_{\text{RF}}t)+j\theta_1)+\exp(jm\cos(\omega_{\text{RF}}t+\varphi)+j\theta_2)\right]$$

$$=\frac{E_{\text{C}}(t)}{\sqrt{\alpha_{\text{MZM}}}}\exp(j\varphi_2)\left[\sum_{n=-\infty}^{+\infty}(e^{j\theta}+e^{jn\varphi})j^nJ_n(m)e^{jn\omega_{\text{RF}}t}\right]$$

$$\approx\frac{E_{\text{C}}(t)}{\sqrt{\alpha_{\text{MZM}}}}\exp(j\theta_2)\left[(e^{j\theta}+1)J_0(m)+(e^{j\theta}-1)jJ_1(m)e^{j\omega_{\text{RF}}t}+\right.$$

$$\left.(e^{j\theta}-1)jJ_1(m)e^{-j\omega_{\text{RF}}t}\right] \tag{4-57}$$

其中，$E_{\text{C}}(t)$ 为 MZM 的输入光信号，ω_{RF} 为输入的射频信号的频率，m 为调制指数，$\theta_1=\frac{\pi V_{\text{DC1}}}{V_{\pi,\text{DC}}}$ 和 $\theta_2=\frac{\pi V_{\text{DC2}}}{V_{\pi,\text{DC}}}$ 为上下臂直流偏压引入的相移，$\theta=\theta_1-\theta_2=\frac{\pi(V_{\text{DC1}}-V_{\text{DC2}})}{V_{\pi,\text{DC}}}=\frac{\pi V_{\text{DC}}}{V_{\pi,\text{DC}}}$ 为调制器的直流偏置角。

可以看到，偏压点改变时，即直流偏置角变化时，会影响到输出信号的各个边带的功率，进而影响到输出光信号总的光功率。而对于系统的噪声来说，如之前所提到的，分为热噪声、散射噪声、RIN 噪声、ASE 噪声，其中散射噪声和 RIN 噪声的强度与链路的光功率有关，热噪声的大小取决于温度的高低，而 RIN 噪声来源于 EDFA。

3. 仿真及分析

仿真结构图和参数配置如图 4 - 52 和表 4 - 15 所示。

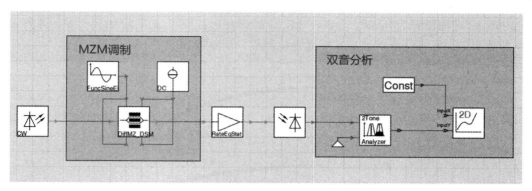

图 4 - 52　仿真方案结构

表 4 - 15　仿真参数设置

器　　件	参　　数
激光器	波长：1551.8 nm；功率：10 dBm；RIN：－160 dBc/Hz
调制器（MZM）	半波电压：5 V；插损：5 dB；消光比：35 dB
EDFA（工作模式为 APC）	输出功率：30 dBm；NF：4 dB
EDFA（工作模式为 AGC）	增益：20 dB；NF：4 dB
PD	响应度：0.75 A/W
RF 信号	频率：5 GHz

仿真系统全局变量参数如图 4 - 53 所示。

Name:	Value		Unit	T...	👁	P
▸ 📁 Physical						
▾ 📁 Global						
f TimeWindow	1024/BitRateDefault	✎	s	S		☐
i GreatestPrimeFac...	2	✎		S		☐
▤ InBandNoiseBins	OFF	▾ ✎		S		☐
▤ BoundaryConditions	Periodic	▾ ✎		S		☐
▤ LogicalInformation	ON	▾ ✎		S		☐
f SampleModeBan...	SampleRateDefault	✎	Hz	S		☐
f SampleModeCent...	193.1e12	✎	Hz	S		☐
f SampleRateDefault	16*BitRateDefault	✎	Hz	S		☐
f BitRateDefault	10e9	✎	bit/s	S		☐

图 4 - 53　仿真系统全局变量参数详情

　　首先对热噪声、散粒噪声和 RIN 噪声进行了仿真测试。在测试中将放大器的
"NoiseDescription"选项设置为"NONE"，即关掉了放大器所产生的 ASE 噪声；接着将激光
器的"IncludeRIN"选项设置为"OFF"，PD 的"ShotNoise"选项设置为"Off"，即排除掉链路
所产生的散粒噪声和 RIN 噪声；然后将 MZM 的偏压电逐渐从 0 V 增加到 5 V 后，得到热

噪声的功率值；将 PD 的"ShotNoise 选项设置为 On"，将 PD 的"ThermalNoise 选项值设置为"10.0^{-20}"，这样将热噪声设置非常小即可以忽略，重新将 MZM 的偏压电逐渐从 0 V 增加到 5 V，得到散粒噪声的功率值；将激光器的"IncludeRIN"选项设置为"ON"，PD 的"ShotNoise"选项设置为"Off"，重新将 MZM 的偏压电逐渐从 0 V 增加到 5 V，得到 RIN 噪声的功率值。将 3 种噪声的功率值变化绘制成一个曲线如图 4-54 所示。

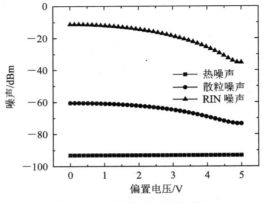

图 4-54 3 种噪声的变化曲线

从图 4-54 中可以分析得出，偏压电的变化使得 MZM 的工作点发生变化，进而影响到输出的光功率的变化，即输出光功率随偏置电压增大而减小。而偏置电压的变化并没有引起热噪声的变化，这是因为热噪声的功率只与带宽和温度有关。而散粒噪声和 RIN 噪声的功率都与光功率呈正相关，因此可以看到当偏置电压增加时，散粒噪声和 RIN 噪声都在减小。

接下来对 ASE 噪声进行仿真测试。首先将 EDFA 工作在自动功率控制（Automatic Power Control，APC）模式下，固定输出功率为 30 dBm，噪声系数（NoiseFigure，NF）为 4 dB。将 PD 的热噪声系数设置为 $10.0e^{-20}$，并关闭链路产生的散粒噪声和 RIN 噪声。继续逐渐增加 MZM 的偏置电压测量输出的噪声功率；然后将 EDFA 工作在自动增益控制（Automatic Gain Control，AGC）模式下，固定增益为 20 dB，同样逐渐增加 MZM 的偏置电压并测量输出的噪声功率。将两次测试得到的功率值绘制成曲线如图 4-55 所示。

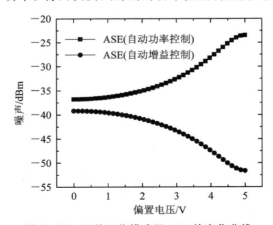

图 4-55 两种工作模式下 ASE 的变化曲线

从图 4 - 55 中可以分析得出，当 EDFA 工作在 APC 模式下，因为输出功率是固定的，因此随着偏置电压增加，输入 EDFA 的光功率减小，EDFA 的增益逐渐增加。这就使得与增益正相关的 ASE 噪声功率增加；而 EDFA 工作在 AGC 模式下，输入 EDFA 的光功率减小时，增益不变，使得 EDFA 的输出光功率减小，进而 ASE 噪声功率也随之减小。

4.4.2　RoF 中 MZM 偏压点对 IMD_3、IMD_2、基波的影响

1. 方案目的

了解调制器的偏压大小对于链路中的基波、IMD_3 和 IMD_2 的影响，熟悉链路生成基波、IMD_3 和 IMD_2 的产生原因。

2. 方案原理

方案链路框图如图 4 - 56 所示。

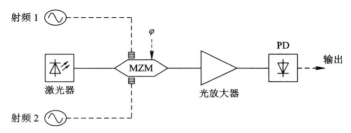

图 4 - 56　方案框图

方案链路包括激光器（LD）、双平行马赫曾德尔调制器（DPMZM）、光放大器（EDFA）以及光电探测器（PD）等器件。链路中，光信号和两路射频信号分别进入 DPMZM 的两个子调制器进行调制，接着通过 EDFA 对光信号进行功率补偿，最后在接收端光电解调，恢复出 RF 信号。

已知 MZM 输出信号的功率表达式为

$$P_{\text{out, MZM}} = \frac{P_c}{2\alpha_{\text{MZM}}}\left[1 + \cos\left(\frac{\pi x_{\text{RF}}(t)}{V_{\pi,\,\text{RF}}} + \varphi\right)\right] \tag{4-58}$$

已知 φ 为直流偏置角，定义为 $\varphi = \pi V_{\text{DC}}/V_{\pi,\,\text{DC}}$，其中 $V_{\pi,\,\text{DC}}$ 是直流半波电压。

在研究链路性能时，需要考虑双音输入的情况。设输入的双音信号为 $x_{\text{RF}}(t) = V_{\text{RF}}[\cos(\omega_1 t) + \cos(\omega_2 t)]$，则 MZM 输出信号的功率为

$$
\begin{aligned}
P_{\text{out, MZM}} &= \frac{P_c}{2\alpha_{\text{MZM}}}\{1 + \cos[\varphi + m(\cos\omega_1 t + \cos\omega_1 t)]\} \\
&= \frac{P_c}{2\alpha_{\text{MZM}}} + \frac{P_c}{2\alpha_{\text{MZM}}}\{\cos\varphi \cdot \cos[m(\cos\omega_1 t + \cos\omega_2 t)] - \\
&\qquad \sin\varphi \cdot \sin[m(\cos\omega_1 t + \cos\omega_2 t)]\} \\
&= \frac{P_c}{2\alpha_{\text{MZM}}} + \frac{P_c}{2\alpha_{\text{MZM}}}\{\cos\varphi \cdot [\cos(m\cos\omega_1 t)\cos(m\cos\omega_2 t) - \\
&\qquad \sin(m\cos\omega_1 t)\sin(m\cos\omega_2 t)] - \\
&\qquad \sin\varphi \cdot [\cos(m\cos\omega_1 t)\sin(m\cos\omega_2 t) - \\
&\qquad \sin(m\cos\omega_1 t)\cos(m\cos\omega_2 t)]\}
\end{aligned}
\tag{4-59}
$$

利用贝塞尔函数展开并计算到三阶，上式可写为

$$
P_{out, MZM} \xrightarrow{贝塞尔展开计算至3阶} \frac{P_c}{2\alpha_{MZM}} +
$$

$$
\begin{aligned}
\frac{P_c}{2\alpha_{MZM}} \{ &\cos\varphi \cdot [J_0(m) - 2J_2(m)\cos2\omega_1 t] \cdot [J_0(m) - 2J_2(m)\cos2\omega_2 t] - \\
&\cos\varphi \cdot [2J_1(m)\cos\omega_1 t + 2J_3(m)\cos3\omega_1 t] \cdot [2J_1(m)\cos\omega_2 t + 2J_3(m)\cos3\omega_2 t] - \\
&\sin\varphi \cdot [J_0(m) - 2J_2(m)\cos2\omega_1 t] \cdot [2J_1(m)\cos\omega_2 t + 2J_3(m)\cos3\omega_2 t] - \\
&\sin\varphi \cdot [J_0(m) - 2J_2(m)\cos2\omega_2 t] \cdot [2J_1(m)\cos\omega_1 t + 2J_3(m)\cos3\omega_1 t] \}
\end{aligned}
$$

$$
\begin{aligned}
\xrightarrow{计算至3阶} \frac{P_c}{2\alpha_{MZM}} + \frac{P_c}{2\alpha_{MZM}} \{ &\cos\varphi \cdot J_0^2(m) + \\
&\sin\varphi \cdot J_0(m)J_1(m)[\cos\omega_1 t + \cos\omega_2 t] - \\
&\cos\varphi \cdot J_1^2(m)[\cos(\omega_1 + \omega_2)t + \cos(\omega_1 - \omega_2)t] - \\
&\cos\varphi \cdot J_0(m)J_2(m)[\cos2\omega_1 t + \cos2\omega_2 t] - \\
&\sin\varphi \cdot J_1(m)J_2(m)[\cos(\omega_1 + 2\omega_2)t + \cos(\omega_1 - 2\omega_2)t + \\
&\cos(\omega_2 + 2\omega_1)t + \cos(\omega_2 - 2\omega_1)t] - \\
&\sin\varphi \cdot J_0(m)J_3(m)[\cos3\omega_1 t + \cos3\omega_2 t] \}
\end{aligned} \qquad (4-60)
$$

调制器的输出除了含有信号的直流分量、基波分量、谐波分量，还有两个频率的组合 2 阶交调失真 IMD_2 分量 $\omega_1 \pm \omega_2$，以及 3 个频率的组合三阶交调失真 IMD_3 分量 $\omega_1 \pm 2\omega_2$，$\omega_2 \pm 2\omega_1$。可以看出，它们的系数都与直流偏置角 φ 有关，并且变化趋势分别为正弦、余弦、正弦函数。

3. 仿真及分析

参数配置如图 4-57 和表 4-16 所示。

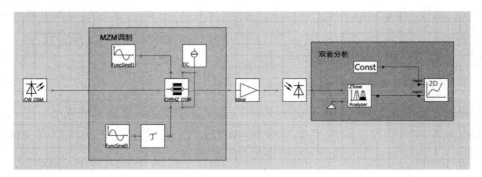

图 4-57　仿真方案结构

表 4-16　仿真参数设置

器　件	参　　　数
激光器	波长：1551.8 nm；功率：10 dBm；RIN：-160 dBc/Hz
调制器（MZM）	半波电压：5 V；插损：5 dB；消光比：35 dB
EDFA	增益：20 dB；NF：4 dB；工作模式：AGC
PD	响应度：0.75 A/W
RF 信号	频率：5/5.1 GHz

在仿真中，设置 MZM 为直流正交偏置，在输出的结果中，可以得到频率分量为 5 GHz 和 5.1 GHz 的基频分量，频率分量为 0.1 GHz 和 10.1 GHz 的 IMD_2 分量以及频率分量为 4.9 GHz 和 5.2 GHz 的 IMD_3 分量。将双音信号仪的测试频点放在 5 GHz 测试基波，二阶交调和三阶交调偏移量分别设置在 5.1 GHz 和 0.2 GHz 用来测试 IMD_2 和 IMD_3。从 0 到 5 V 逐渐增加 MZM 的偏置电压，得到基波、IMD_2 和 IMD_3 的功率并绘制成曲线，如图 4−58 所示。

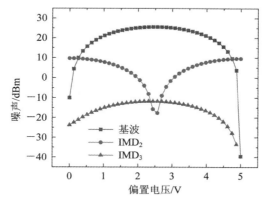

图 4−58　基波、IMD_2、IMD_3 随偏置电压的变化曲线

由理论分析得到基波和 IMD_3 的功率随直流偏置角的变化趋势为正弦函数，即随着偏置电压的增加，基波和 IMD_3 的功率先增加而后减小；而 IMD_2 的功率随直流偏置角的变化为余弦函数，即随着偏置电压的增加，IMD_2 的功率先减小而后增加。另外可以看出总体上基波分量的功率最大，而后是 IMD_2，IMD_3 的功率最小。由理论分析可以得到这三项分量的贝塞尔系数大小关系也是如此。

4.4.3　案例总结

本案例通过理论和仿真分析，介绍了 RoF 链路中 MZM 的直流偏压点对于系统噪声、基波、IMD_2 和 IMD_3 的影响。在对系统噪声的研究中，为了简化系统结构，采用单音信号对 MZM 进行驱动。在系统中存在的几种噪声中，热噪声不受偏压点的改变的影响，而散粒噪声与 RIN 噪声都与光功率的大小呈正相关，并且从噪声的功率大小来看，RIN 噪声占主导地位。随后又在此系统对 EDFA 在不同增益模式下产生的 ASE 噪声进行了研究，结果表明 EDFA 通过改变光功率的大小来改变 ASE 噪声的大小。

在研究 MZM 直流偏压点对于基波、IMD_2 和 IMD_3 的影响时，使用 5 GHz 和 5.1 GHz 的双音信号对 MZM 进行驱动，并同时测量基波、IMD_2 和 IMD_3 的功率值，基波和 IMD_3 在偏压为 2.5 V 即正交点时达到峰值，而此时 IMD_2 达到最低值。

操作中需要注意的事项：

（1）在测量对噪声的影响时，注意辨别几种噪声产生的原因并且在对某种噪声进行研究时要使其他噪声的影响降到最小；

（2）在使用双音信号测量噪声值时，如果噪声值不随偏压点改变而改变，需要考虑是否是全局变量的时间窗过小；

（3）在对基波、IMD_2 和 IMD_3 的功率进行测量时，注意双音测量仪测量的频点位置和测量带宽要取合适值。

4.5　RoF 平衡探测技术

采用平衡探测器（Balanced Photodetector，BPD）的相干探测技术可以显著消除接收机噪声和链路噪声对微弱光信号检测的影响，通常比直接探测技术光探测器的接收灵敏度高约 20 dB。在本节中，首先介绍平衡探测器的组成和探测原理；然后介绍正交 MZM 双输出方案原理及其在 VPI 中的仿真链路搭建，并分析其优缺点；最后介绍低偏置并联 MZM 方案原理及其在 VPI 中的仿真链路搭建，并分析其优缺点。

BPD 由一对光电二极管组成，如图 4-59 所示。假设两个光电二极管的响应度分别为 η_{PD1} 和 η_{PD2}，入射的光功率分别为 P_{RF1} 和 P_{RF2}，则 BPD 的输出电流 I_{BPD} 即为两个光电二极管（I_{PD1} 和 I_{PD2}）产生的电流之差，即得

$$I_{BPD} = I_{PD1} - I_{PD2} = \eta_{PD1} P_{RF1} - \eta_{PD2} P_{RF2} \tag{4-61}$$

理想情况下，光电二极管具有相同的响应，即 $\eta_{PD1} = \eta_{PD2}$。在这种情况下，只要注入探测器的光信号的相位和振幅是匹配的，光电二极管的输出光电流即为相同的。相同光电流的减法可以抵消光电流 I_{PD1} 和 I_{PD2} 的共模信号。因此，BPD 的一个重要参数是共模抑制比，其定义为 BPD 输出端的差模信号与共模信号的比值[14]。

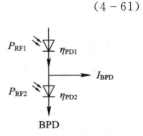

图 4-59　BPD 的结构图

最初提出该方案是为了消除相干检测方案中的本振噪声[15]，然而，在 1992 年，使用平衡检测来降低噪声并增加模拟光子链路的动态范围的架构被提出[16]，1993 年，Ackerman 使用双输出 MZM 的类似设置降低噪声并增加模拟光子链路的动态范围[17]，从那时起，这种技术一直被许多人追求，以显示高性能模拟光子链路。

4.5.1　正交 MZM 双输出方案

1. 方案原理

使用双输出（或 X 耦合）的 MZM 和平衡检测方案已经显示了最高性能的高性能 RoF 链路[18]，其结构如图 4-60 所示，它主要包含一个激光器（Laser Diode，LD）、一个双输出马赫-增德尔调制器（Mach-Zehnder Modulator，MZM））和一个 BPD。当偏压在正交处时，X 耦合的 MZM 输出两个互补的光信号。在理想情况下，直流分量和偶次失真项在这些信号中是共同的，因此，在平衡检测时将被抵消。然而，这两个输出所需的基波信号和奇阶失真项将在 BPD 输出处相加，抵消的 DC 分量将导致 RIN 噪声的减小，同时也达到了抑制二阶谐波和互调失真（HD_2 和 IMD_2）的目的。同时由原理可知，有用信号在 BPD 输出处相加，相对于仅使用一个调制器输出的情况，信号功率可提高 6 dB。

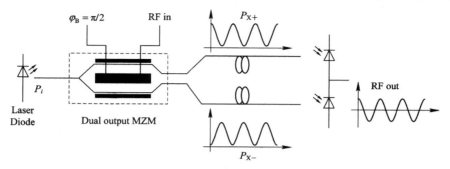

图 4 - 60 正交 MZM 双输出方案结构图

为了充分理解如何通过双输出 MZM 链路达到上述目的，从数学的原理进行分析。首先从 MZM 的互补输出开始，假设注入调制器的调制信号为 $V_{RF}(t)$，由原理可知双输出 MZM 的输出光功率可表示为

$$P_{X\pm}(t) = \frac{P_i}{2L}\left[1 \mp \cos\left(\cos\varphi_B + \frac{\pi V_{RF}(t)}{V_{\pi,RF}}\right)\right] \tag{4-62}$$

其中，$V_{\pi,RF}$ 为调制器的半波电压，P_i 为输入调制器的光功率，L 为调制器的插入损耗。将调制器设置在正交点（$\varphi_B = \pi/2$），每个输出的调制信号相等，但在射频调制相位相反，输出信号可表示为

$$P_{X\pm}(t) = \frac{P_i}{2L}(1 \pm \sin\theta(t)) \tag{4-63}$$

通过响应度为 η_{PD} 的理想的 BPD 后，产生的光电流为

$$
\begin{aligned}
I_{D,X}(t) &= \eta_{PD}\left[P_{X+}(t) - P_{X-}(t)\right] \\
&= \frac{\eta_{PD}P_i}{L}\sin\theta(t) \\
&= 2I_{av,PD}\sin\theta(t)
\end{aligned} \tag{4-64}
$$

其中 $I_{av,PD}$ 是每一个光电探测器的平均光电流，其数学形式可表示为

$$I_{av,PD} = \frac{\eta_{PD}P_i}{2L} \tag{4-65}$$

因此，BPD 的理想输出电流不包含直流分量，与直流电流相关的 RIN 分量完全被抵消。然而，这种抵消受到调制信号功率的限制，输出信号的强度噪声功率可表示为

$$P_{rin,X} = RINBR_L I_{av}^2\left[S + 2\sin\theta(t)\right]^2 \tag{4-66}$$

其中，B 为接收器的等效噪声带宽，R_L 为负载电阻；考虑到不完美的振幅和相位匹配，S 是共模抑制系数，数值与 BPD 的共模抑制因子有关。理想情况下 $S=0$，但通常值在 0.1 到 0.01 之间。当 RIN 在 BPD 的输出处被取消时，但对于散弹噪声则不是这样，BPD 的两个光电二极管的散弹噪声在输出相加，可表示为

$$P_{shot,X} = 4qBR_L I_{av} \tag{4-67}$$

2. 仿真与分析

（1）仿真及参数设置。

首先在 VPI 中分别搭建正交 MZM 双输出链路与传统 RoF 链路，其链路图分别如图 4 - 61(a)、4 - 61(b)所示，其参数如表 4 - 17 所示。对于正交 MZM 双输出链路，VPI 仿真

软件中没有双输出 MZM，因此在搭建仿真链路中，将 MZM 当作相位调制器使用，并通过 2×2 耦合器搭建双输出 MZM 以替代使用。正交 MZM 双输出方案仿真结构如图 4 - 61(a) 所示，它主要由 LD、双输出 MZM、射频信号源（信号发生器＋射频衰减器）和 BPD 组成。激光器输出通过光分路器连接两个 MZM，MZM 输出分别连接 X 耦合器的两个输入端口，输出端口分别连接 BPD 的输入端口，光电探测后的信号输入双音分析器进行信号分析。传统 RoF 链路仿真结构如图 4 - 61(b) 所示，它主要由 LD、MZM、射频信号源和光电探测器组成。LD 输出的光信号连接 MZM 输入端口，输出端口连接光电探测器进行光电探测，输出信号送入信号分析仪进行分析。频谱分析仪被用来观察各个输出端口信号的波形和频谱。

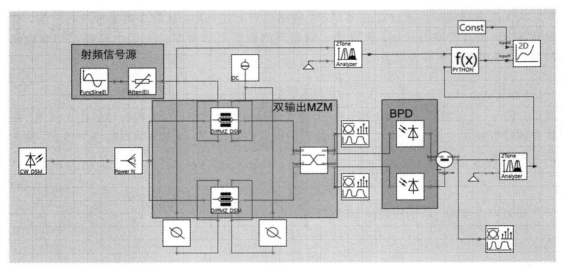

(a) 正交 MZM 双输出方案仿真图

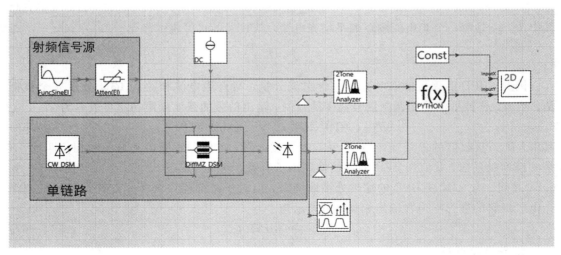

(b) 传统 RoF 链路方案仿真图

图 4 - 61　两种 RoF 方案仿真图

表 4-17　仿 真 参 数

器 件	仿 真 参 数
激光器	线宽：1e3 Hz；波长：193.1e12 Hz；功率：40e-3 W；RIN 噪声：150 dBc/Hz
射频信号源	频率：3.5e9 Hz；幅度：0.316；衰减器衰减：-15 dB
MZM	(a)半波电压：7 V；消光比：35 dB；LowerArmPhaseSense = Postive； 损耗：6 dB (b)半波电压：7 V；消光比：35 dB；LowerArmPhaseSense = Negative； 损耗：6 dB
移相器	相位：180°
PD	响应度：0.7 A/W
双音测试	ChannelFrequency = 3.5e9；NoiseFreqOffset = 1e6； NoiseFilterBandwidth = NoiseBandwidth = 1e6；Outputs = SNR
直流源	(a)Amplitude = 3.5 V；(b)Amplitude = 1.75 V
全局变量	TimeWindow = 1024/BitRateDefault；BitRateDefault =1e9 bit/s； SampleRateDefault = 128e9 Hz；SampleModeBandwidth = SampleRateDefault； SampleModeCenterFrequency = 193.1e12 Hz

（2）仿真分析。

按照仿真图 4-61 在 VPI 中搭建仿真链路，部分参数设置如表 4-17 所示。射频信号源输出的射频信号通过衰减器控制功率后注入调制器中进行调制。在正交 MZM 双输出方案中，移相器的功能相当于模拟推挽调制。调制完后的光信号通过 SignalAnalyzer 在 2×2 耦合器后分别观察上下两路的已调光信号光谱及时域图。点击 Run 即可在耦合器后的 SignalAnalyzer 中观测到仿真结果，如图 4-62 所示。从图 4-62(a)、4-62(c)中可以看到，两个端口信号波峰为 10 mW，波谷为 0 mW，但相位相差 180 度，与原理一致，经过双输出 MZM 调制后的光信号相位相反。从光谱图 4-62(b)、4-62(d)可以得出，两者光谱没有明显差别，这是因为光谱图中不含有相位信息。

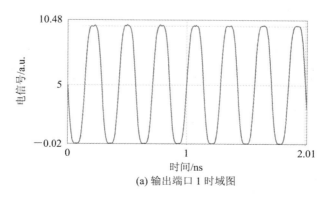

(a) 输出端口 1 时域图

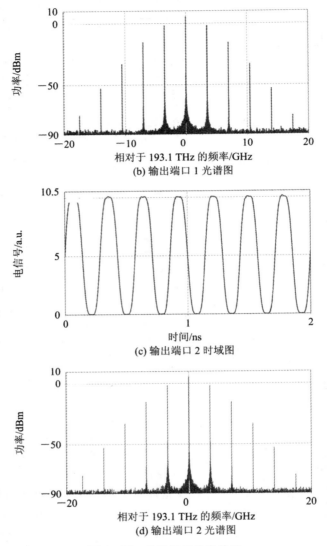

(b) 输出端口 1 光谱图

(c) 输出端口 2 时域图

(d) 输出端口 2 光谱图

图 4 - 62　输出端口仿真结果

其次，通过 SignalAnalyzer 分别分析正交双输出 MZM 链路的 BPD 后光电流与传统单链路的 PD 后光电流，通过频谱分析其特性。点击 Run 即可在 PD 后的 SignalAnalyzer 中观测到仿真结果，如图 4 - 63(a)、图 4 - 63(b)所示。首先将观察双输出 MZM＋BPD 方案的电谱图，将双输出端口光信号送入 BPD 进行光电探测，产生的电信号电谱如图 4 - 63(a)所示，可以看到，偶数阶分量与直流分量由于 BPD 的作用而被抵消，与理论一致。观察传统 RoF 链路产生的电谱，如图 4 - 63(b)所示，其中各阶分量均存在，杂散分量严重。同时观察基频信号和奇数阶分量功率上涨了 6 dB，与理论保持一致。

最终我们测量不同光功率下噪声系数，测量方法为测量输入信号信噪比与输出信号信噪比的比值。

连接信噪比测试仪，在仿真软件中找到 TwoTone_Analyzer，并添加此器件至链路中，其中该器件一个输入端口接原始电信号或 PD 后电信号，另一个输入端口连接 NullSource

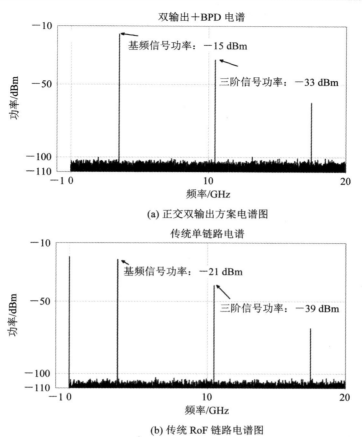

(a) 正交双输出方案电谱图

(b) 传统 RoF 链路电谱图

图 4-63　产生的电信号电谱图

器件，按照链路和仿真系数进行设置即可完成仿真链路的搭建。信噪比通过 Expr2Python 器件实现，其参数设置为两路信号相减，实现噪声系数的测量。最终测量的噪声系数通过 NumericalAnalyzer2D 实现，从而完成不同输入光功率下噪声系数的测量。

具体扫频功能步骤如下：

（1）固定所有参数不变，在全局变量中右键选择"Insert New Parameter"添加光功率参数，设置"Name"为"P"，并保存。

（2）同时设置激光器中的光功率和 Const 器件中"level"为"P"进行相互关联。

（3）右键单击全局变量中的"P"，选择"Create Sweep Control"，在随后弹出的"Define Control"中，设置"Upper limit"为"50e－3"，"Lower limit"设置为"1e－3"，"Number of Points"的"Division value"设置为"50"，"Sweep depth"设置为"0"，然后点击 OK。

（4）最后点击设置界面中"Master Control"中的绿色箭头运行，即可在 Numerical Analyzer2D 的器件中观察到随输入光信号功率变化噪声系数。

最终结果如图 4-64 中圆点实线所示。同理，传统链路按照相同的方法设置，测量的结果如图 4-64 中方点实线所示。从图中可以看出，传统 RoF 链路与双输出 MZM 链路相比，噪声系数比较高，性能较差。随着光功率的增加，链路系统的噪声系数随之降低。总体与理论一致。

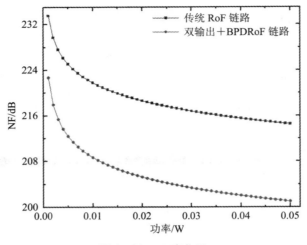

图 4-64 NF 变化图

正交 MZM 双输出方案的优缺点如下：

（1）优点：DC 直流分量和偶数阶分量被抵消，同时 RIN 噪声被抵消，噪声系数有所下降。

（2）缺点：奇数阶分量也会增大 6 dB，对链路的高阶非线性失真有恶化影响。

4.5.2 低偏置并联 MZM 方案

1. 方案原理

平衡检测方案已被用于克服低偏置并联 MZM 方案中低偏置（即高偶阶失真）的主要缺点。该方案如图 4-65 所示，由 Burns 等人于 1996 年提出[19]。通过该方案可以减轻 IMD_2 的有害影响，同时保持低偏置调制器的优势。提出的 RoF 链路由一对 MZM 组成，通过最小传输点点对称偏置（零偏置），如图 4-65 左下角所示。两个并联调制器被馈送相同 RF 信号。在此结构中，其中一个 MZM，瞬时电压的增加将导致输出光功率的增加，而另一个 MZM 将导致输出光学功率的减少。这意味着 MZM 以推挽方式调制光，其输出端的光信号将是互补的，即它们具有相同的振幅（假设 MZM 相同），但调制相位相反，这种情况如图

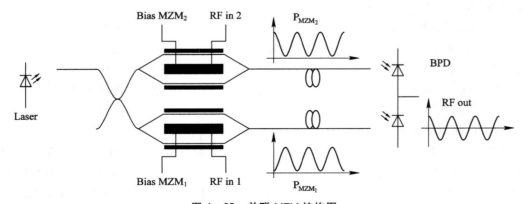

图 4-65 并联 MZM 结构图

4-65 所示。这些互补光信号通过一对光纤路由到接收点的 BPD。如果这些传输光纤的长度完全匹配，光信号将到达光电二极管，保持其振幅和 RF 调制相位关系，BPD 将减去这些信号，基波信号将由于它们的反相关系而相加。注意，这也适用于调制光信号中的任何奇数阶失真分量。然而，所有偶数阶失真分量和激光强度噪声在 RoF 链路的两个臂处是共同的，因此将在 BPD 输出处被抵消。

该方案主要由一个 LD，两个 MZM，一个 BPD 组成。其中假设第一个 MZM 的插入损耗为 L_1，半波电压为 V_{π, RF_1}，偏置角度为 φ_{B_1}，而第二个 MZM 的参数为 L_2、V_{π, RF_2} 和 φ_{B_2}。假设激光器的光功率为 P_i，每个调制器的光功率为 $P_i/2$。这些调制器的输出光功率可以表示为

$$P_{MZM_1}(t) = \frac{P_i}{4L_1}\left[1 - \cos(\theta_1(t) + \varphi_{B_1})\right] \qquad (4-68)$$

$$P_{MZM_2}(t) = \frac{P_i}{4L_2}\left[1 - \cos(\theta_2(t) + \varphi_{B_2})\right] \qquad (4-69)$$

其中，$\theta_{1,2}(t) = \pi V_{RF}(t)/V_{\pi, RF_{1,2}}$ 为 MZM 的调制指数。

在理想情况下，其中调制器是相同的（$L_1 = L_2$ 和 $V_{\pi, RF_1} = V_{\pi, RF_2}$），并且它们从零偏置点对称偏置，使得 $\varphi_{B_1} = -\varphi_{B_2} = \varphi_{CAB}$。公式（4-68）和（4-69）中的输出光功率可以改写为

$$P_{MZM_1}(t) = \frac{P_i}{4L_1}\left[1 - \cos(\theta_1(t) + \varphi_{CAB})\right] \qquad (4-70)$$

$$P_{MZM_2}(t) = \frac{P_i}{4L_2}\left[1 - \cos(\theta_2(t) - \varphi_{CAB})\right] \qquad (4-71)$$

两束光分别送入响应度为 η_{PD} 的理想 BPD 检测所得光信号。因此，BPD 的输出电流可以表示为

$$\begin{aligned}
I_{D, CAB}(t) &= \eta_{PD}\left[P_{MZM_1}(t) - P_{MZM_2}(t)\right] \\
&= \frac{\eta_{PD} P_i}{L}\sin\theta(t)\sin\varphi_{CAB} \\
&= \frac{\eta_{PD} P_i}{L}\left[\theta(t)\sin\varphi_{CAB} - \frac{\theta^3(t)}{6}\sin\varphi_{CAB} + \cdots\right]
\end{aligned} \qquad (4-72)$$

从公式（4-72）中我们可以看出，理想情况下，输出电流将仅由所需信号加上奇数阶失真组成，而直流分量和所有偶数阶失真完全抵消。由于 DC 分量被消除，理想情况下激光 RIN 也被消除，但两个光电二极管是独立生产的，它们的散粒噪声将叠加。

2. 仿真与分析

首先在 VPI 中分别搭建正交 MZM 双输出链路与传统 RoF 链路，其链路图分别如图 4-66(a)、4-66(b) 所示，其参数如表 4-18 所示。低偏置并联 MZM 链路仿真结构如图 4-66(a) 所示，主要由 LD、两个并联 MZM、射频信号源和 BPD 组成。激光器输出连接通过光分路器连接两个 MZM，并联 MZM 输出分别连接 BPD 的输入端口，光电探测后的信号最终被注入双音分析器进行信号分析。传统 RoF 链路仿真结构如图 4-66(b) 所示，主要由 LD，MZM，射频信号源和光电探测器组成。LD 输出的光信号连接 MZM 输入端口，输出端口连接光电探测器进行光电探测，输出信号送入信号分析仪进行分析。频谱分析仪被用来观察各个输出端口信号的波形和频谱。

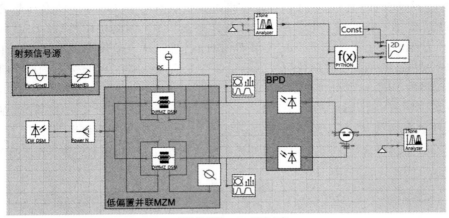

(a) 低偏置并联 MZM 链路方案

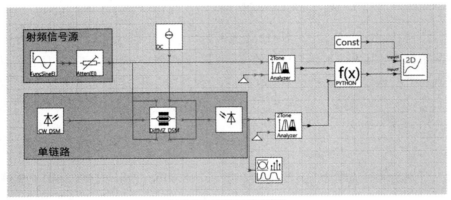

(b) 传统 RoF 链路方案仿真图

图 4 - 66 MZM 链路图和传统 RoF 链路图

表 4 - 18 仿 真 参 数

器 件	仿 真 参 数
激光器	线宽：1e3 Hz；波长：193.1e12 Hz；功率：40e−3 W；RIN 噪声：150 dBc/Hz
射频信号源	频率：3.5e9 Hz；幅度：0.316；衰减器衰减：−15 dB
MZM	(a) 半波电压：7 V；消光比：35 dB；LowerArmPhaseSense = Negative；损耗：6 dB； (b) 半波电压：7 V；消光比：35 dB；LowerArmPhaseSense = Negative；损耗：6 dB；
移相器	相位：180°
PD	响应度：0.7 A/W
双音测试	ChannelFrequency = 3.5e9；NoiseFreqOffset = 1e6； NoiseFilterBandwidth = NoiseBandwidth = 1e6；Outputs = SNR
直流源	(a)Amplitude = 1.75 V；(b)Amplitude = 1.75 V
全局变量	TimeWindow =1024/BitRateDefault；BitRateDefault =1e9 bit/s； SampleRateDefault = 128e9Hz；SampleModeBandwidth = SampleRateDefault； SampleModeCenterFrequency = 193.1e12 Hz

按照仿真图 4-66 在 VPI 中搭建仿真链路，部分参数设置如表 4-18 所示。射频信号源输出的射频信号通过衰减器控制功率后注入调制器中进行调制，调制完分别观察上下两路的已调光信号光谱及时域图。点击 Run 即可在两个 MZM 后的 SignalAnalyzer 中观测到仿真结果，如图 4-67(a)、(b)、(c)、(d)所示。从图 4-67(a)、4-67(c)中可以看到，两个端口信号波峰为 5 mW，波谷为 0 mW，但相位相差 180 度，与原理一致，经过双输出 MZM 调制后的光信号相位相反。从光谱图 4-67(b)、4-67(d)可以得出，两者光谱没有明显差别，这是因为光谱图中不含有相位信息。

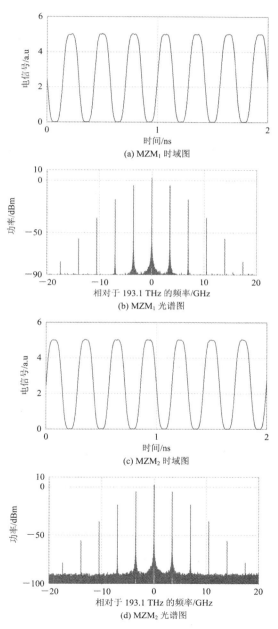

图 4-67   两个 MZM 仿真结果

其次，通过 SignalAnalyzer 分别分析低偏置双输出 MZM 链路的 BPD 后光电流与传统单链路的 PD 后光电流，通过频谱分析其特性。点击 Run 即可在 PD 后的 SignalAnalyzer 中观测到仿真结果，如图 4-68(a)、(b)所示。首先将观察低偏置双输出 MZM+BPD 方案的电谱图，将双输出端口光信号送入 BPD 进行光电探测，产生的电信号电谱如图 4-68(a)所示，可以看到，偶数阶分量与直流分量由于 BPD 的作用而被抵消，与理论一致。观察传统 RoF 链路产生的电谱，如图 4-68(b)所示，其中各阶分量均存在，杂散分量严重。

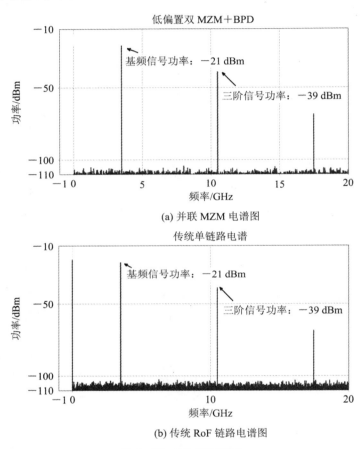

(a) 并联 MZM 电谱图

(b) 传统 RoF 链路电谱图

图 4-68　PD 仿真结果

最终我们测量不同光功率下噪声系数，测量方法为测量输入信号信噪比与输出信号信噪比的比值。

连接信噪比测试仪，在仿真软件中找到 TwoTone_Analyzer，并添加此器件至链路中，其中该器件一个输入端口接原始电信号或 PD 后电信号，另一个输入端口连接 NullSource 器件，按照链路和仿真系数进行设置即可完成仿真链路的搭建。信噪比通过 Expr2Python 器件实现，其参数设置为两路信号相减，实现噪声系数的测量。最终测量的噪声系数通过 NumericalAnalyzer2D 实现，完成不同输入光功率下噪声系数的测量。

具体扫频功能步骤如下：

（1）固定所有参数不变，在全局变量中右键选择"Insert New Parameter"添加光功率参数，设置"Name"为"P"，并保存。

（2）同时设置激光器中的光功率和 Const 器件中"level"为"P"进行相互关联。

（3）右键单击全局变量中的"P"，选择"Create Sweep Control"，在随后弹出的"Define Control"中，设置"Upper limit"为"50e－3"，"Lower limit"设置为"1e－3"，"Number of Points"的"Division value"设置为"50"，"Sweep depth"设置为"0"，然后点击"OK"。

（4）最后点击设置界面中"Master Control"中的绿色箭头运行，即可在 Numerical Analyzer2D 的器件中观察到随输入光信号功率变化噪声系数。

最终结果如图 4－69 中下方曲线所示。同理，传统链路按照相同的方法设置，测量的结果如图 4－69 中下方曲线所示。从图中可以看出，传统 RoF 链路与双输出 MZM 链路相比，噪声系数比较高，性能较差。随着光功率的增加，链路系统的噪声系数随之降低。总体与理论一致。

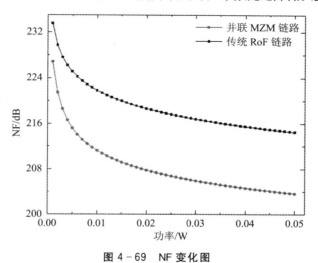

图 4－69　NF 变化图

低偏置并联 MZM 方案的优缺点如下：

（1）优点：DC 直流分量和偶数阶分量被抵消，同时 RIN 噪声被抵消，NF 有所下降。

（2）缺点：奇数阶分量也会增大 6 dB，对链路的高阶非线性失真有恶化影响。

4.5.3　案例总结

本案例对 BPD 以及 BPD 在 RoF 链路中的应用进行了介绍，并进行了仿真验证。本章首先介绍了 BPD 的结构与组成及 BPD 的基本原理。其次，基于 BPD 的原理，分别介绍了正交 MZM 双输出方案和低偏置并联 MZM 方案对 RoF 链路的优化。对于正交 MZM 双输出方案，使用双输出（或 X 耦合）的 MZM 和平衡检测方案，在理想情况下，直流分量和偶次失真项被抵消，但奇数阶分量提高 6 dB。同时，由于 DC 分量的抵消将导致 RIN 噪声的减小，噪声系数也随之减小；对于低偏置并联 MZM 方案，由于 BPD 和并联链路的作用，同样可以在理想情况下，直流分量和偶次失真项被抵消，但奇数阶分量提高 6 dB。同时，由于 DC 分量的抵消将导致 RIN 噪声的减小，噪声系数也随之减小。

1. 方案优缺点

1）正交 MZM 双输出方案

正交 MZM 双输出方案的优缺点如下：

（1）优点：DC 直流分量和偶数阶分量被抵消，同时 RIN 噪声被抵消，噪声系数有所下降。

缺点：奇数阶分量也会增大 6 dB，对链路的高阶非线性失真有恶化影响。

2）低偏置并联 MZM 方案

低偏置并联 MZM 方案的优缺点如下：

（1）优点：DC 直流分量和偶数阶分量被抵消，同时 RIN 噪声被抵消，NF 有所下降。

（2）缺点：奇数阶分量也会增大 6 dB，对链路的高阶非线性失真有恶化影响。

2. 实际实验中需要注意的事项

在实际实验中需要注意以下事项：

（1）PD/BPD 为静电敏感器件，实际测试时需要佩戴静电手环。

（2）PD/BPD 有饱和光功率的指标，即输入的光功率有上限值，超过这个上限以后输出光电流将不会继续增加。在实验中要格外注意，并不是输入 PD/BPD 的光功率越大越好。

4.6　基于 DPMZM 的三阶交调失真抑制方法

ROF 通信技术优势众多，发展前景良好。但由于 RoF 系统中电光调制器和光电检测器等器件的固有非线性，使得 RF 信号通过 RoF 链路传输后会产生非线性效应，引入各阶失真，尤其是三阶交调失真（IMD_3）。非线性失真不仅降低了 RF 信号的功率，还在一定程度上限制了 RoF 系统的无杂散动态范围（SFDR），严重影响系统性能，大大缩小了 RoF 通信技术的应用范围。因此，抑制非线性失真，提高 SFDR，实现 RoF 系统线性化传输，提升系统传输性能具有重要意义。

现存的电域方法大多是用多项式来模拟非线性系统的特性[20-22]，使预失真器拥有同样以多项式表示的非线性系统的逆特性，以此达到抵消整个系统非线性的目的。但其实系统中影响其非线性的参量因素是变化的，如器件老化及温度、湿度等工作环境的变化等，所以用多项式很难完全表示出非线性。而光域方案大多需要结构复杂的调制器，或者利用附加的光学器件进行补偿，增加了实验复杂度和链路成本[23-28]。

本节介绍了一种结构简单的光域线性化方案[29]，实现了系统 IMD_3 的抑制，大幅提升了系统的 SFDR。

4.6.1　方案原理

该方案构建了一个使用双平行马赫-增德尔调制器（DPMZM）来消除失真的高线性 RoF 系统。光载波（OC）在 MZMa 中由射频信号调制，在 MZMb 中不加调制。通过优化 DPMZM 的 3 个偏置，调制信号自拍频产生的 IMD_3 与调制信号和未调制 OC 之间的拍频产生的 IMD_3 具有相反的相位和相等的强度。这两种 IMD_3 项相互抵消，从而产生大的动态范围和更好的线性度。方案原理如图 4-70 所示。

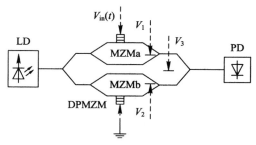

图 4-70　方案原理图

DPMZM 输出的光信号表示为

$$E_{\text{out, DPMZM}}(t) = \frac{E_C(t)}{2}\left[\cos\frac{\varphi_1(t)}{2}e^{j\varphi_3/2} + \cos\frac{\varphi_2}{2}e^{-j\varphi_3/2}\right] \tag{4-73}$$

其中 E_C 为激光器输出光场，$\varphi_1 = \pi V_i / V_{\pi i}$，$i = 1, 2, 3$，$V_i$ 为直流偏置电压，$V_{\pi i}$ 为调制器半波电压，MZMa 被射频信号 $V_{\text{RF}}(t)$ 驱动，$\varphi_{\text{RF}}(t) = \pi V_{\text{RF}}(t)/V_\pi$，对于 MZMa，$\varphi_1(t) = \varphi_1 + \varphi_{\text{RF}}(t)$。假设双音信号为：$\varphi_{\text{RF}}(t) = m[\cos(\omega_1 t) + \cos(\omega_2 t)]$，$m = \pi V_{\text{RF}}/V_{\pi 1}$，$V_{\text{RF}}$ 是双音信号的峰值电压。则 PD 输出可以表示为

$$
\begin{aligned}
i_{\text{PD}} &= \eta |E_{\text{out, DPMZM}}(t)|^2 \\
&= \frac{E_C^2}{4}\left[\cos^2\left(\frac{\varphi_1(t)}{2}\right) + \cos^2\left(\frac{\varphi_2}{2}\right) + 2\cos\left(\frac{\varphi_2}{2}\right)\cos\left(\frac{\varphi_1(t)}{2}\right)\cos\varphi_3\right] \\
&= \frac{E_C^2}{8}\left[2 + \cos\varphi_2 + \cos\varphi_1(t) + 4\cos\left(\frac{\varphi_1(t)}{2}\right)\cos\left(\frac{\varphi_2}{2}\right)\cos\varphi_3\right]
\end{aligned}
\tag{4-74}
$$

将式(4-74)贝塞尔展开至三阶：

$$i_{\text{PD}} \propto \{\Gamma_0 + \Gamma_1[\cos(\omega_1 t) + \cos(\omega_2 t)] + \Gamma_3[\cos(2\omega_1 t \pm \omega_2 t) + \cos(2\omega_2 t \pm \omega_1 t)] + \cdots\} \tag{4-75}$$

其中一阶和三阶的系数为

$$
\begin{cases}
\Gamma_1 = a J_0(m) J_1(m) + b J_0\left(\dfrac{m}{2}\right) J_1\left(\dfrac{m}{2}\right) \\[2mm]
\Gamma_3 = a J_1(m) J_2(m) + b J_1\left(\dfrac{m}{2}\right) J_2\left(\dfrac{m}{2}\right)
\end{cases}
\tag{4-76}
$$

其中，$a = \sin\varphi_1$，$b = 4\sin\left(\dfrac{\varphi_1}{2}\right)\cos\left(\dfrac{\varphi_2}{2}\right)\cos\varphi_3$，$J_n$ 为 n 阶贝塞尔函数。

进一步将式(4-76)展开：

$$
\begin{cases}
\Gamma_1 = \dfrac{2a + b}{4}m - \dfrac{3(8a + b)}{128}m^3 + O(m^3) \\[3mm]
\Gamma_3 = \dfrac{3(8a + b)}{128}m^3 - \dfrac{5(32a + b)}{12288}m^5 + O(m^5)
\end{cases}
\tag{4-77}
$$

当 Γ_1 中的 $8a + b = 0$ 时，IMD$_3$ 被抑制，此时满足条件：

$$4\cos\left(\frac{\varphi_1}{2}\right) = -\cos\left(\frac{\varphi_2}{2}\right)\cos\varphi_3 \tag{4-78}$$

当 φ_1，φ_2，φ_3 满足式(4-78)条件时，系统 IMD_3 被抑制，此时实现了 SFDR 的提升。

4.6.2 仿真与分析

按照图 4-71 的方案原理图搭建仿真链路，激光器(LD)产生的连续光信号输入调制器 DPMZM 中，双音信号模块用来产生双音信号并用于驱动 DPMZM 的一个子调制器，下路子调制器不加调制信号，因此下路连接中设置信号功率为 0。DPMZM 输出信号连接至掺铒光纤放大器(EDFA)进行光放大，放大后的光信号送入光电探测器(PD)中进行光电转换，输出电信号频谱使用频谱分析模块分析。为了绘制 SFRD 曲线，在仿真中增加 SFDR 测量模块，该模块输出的二维图包含 3 条曲线，横坐标为输入射频功率，由双音信号之后的衰减器控制其变化，纵坐标分别输出基波信号功率、IMD_3 功率和噪声功率，在仿真中通过滤出相应参数并用功率计测量得出，仿真参数设置如表 4-19 所示。

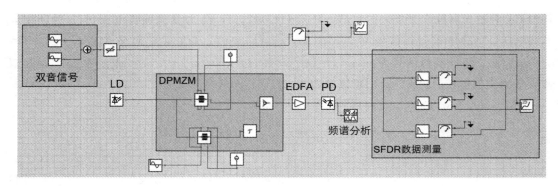

图 4-71   仿真连接图

表 4-19   仿真参数设置

器　件	参　　数
激光器	波长：193.1e12Hz；功率：20e-3W；RIN：-155 dBc/Hz
调制器	半波电压：4.8 V；插损：6 dB；消光比：30 dB
EDFA	输出功率：8 dBm；NF：4 dB；工作模式：APC
PD	响应度：0.5 A/W
双音信号	Frequency：4.94 和 5.04 GHz；Amplitude：0.316 a.u.
宽带信号	BitRate：BitRateDefault/4；BitPerSymbolQAM：4；Carrier Ferquency：4e9Hz； TimeWindow：1024×16/BitRateDefault
全局	TimeWindow：1024/BitRateDefault； BitRateDefault=1e9 bit/s；SampleRateDefault=512e9Hz； SampleModeBandwidth=SampleRateDefault；SampleModeCenterFrequency=193.1e12 Hz

1. 双音验证

仿真装置如图 4-71 所示，部分参数设置如表 4-19 所示，在频谱分析的仿真中，双音信号连接后，添加-2 dB 的衰减，然后连接至上路 MZMa，下路 MZMb 不加射频信号，因此下路信号源中"Frequency"与"Amplitude"均设置为"0"。PD 后连接的三路带通滤波器的中心频率分别为 4.94e9 Hz、5.14e9 Hz、3.5e9 Hz，分别为了滤出基波、IMD$_3$ 与噪声，工作带宽均为 30e6 Hz。滤波器之后连接功率计，读出相应参数的准确值。

1）寻找最佳工作点

（1）设置扫频。在双参数扫频操作中，固定 MZMb 的直流偏置为 1.2 V，即正交点。

（2）右键单击"MZMa"直流偏置中的"Amplitude"，选择"Create Sweep Control"，在随后弹出的"Define Control"中，设置"Upper limit"为"4.8 V"，"Lower limit"设置为"0"，"Number of Points"的"Division value"设置为"20"，"Sweep depth"设置为"0"，然后点击"OK"。

（3）上一步设置完之后不要关闭扫频设置界面，继续设置延时器扫频，同样右键单击延迟器中的"PhaseShift"，选择"Create Sweep Control"，在随后弹出的"Define Control"中，设置"Upper limit"为"360°"，"Lower limit"设置为"0°"，"Number of Points"的"Division value"设置为"20"，"Sweep depth"设置为"1"，点击 OK 之后，最后点击设置界面中"Master Control"中的绿色箭头运行。

（4）设置完扫频后，此时需要在最后的二维 Numerical Analyzer2D 中找到基波较大且三阶被抑制的点，因此可以将 Numerical Analyzer2D 的输出改为基波减 IMD$_3$ 的差值，此时只需要添加一个 SubtractSignalsEl 将两个值进行相减操作即可。再进行第一轮扫频之后，可以得到一个最佳值的大致范围，随后可以缩小扫频范围重复上述操作直到找到精确值。

2）双音频谱与 SFDR 测量

（1）DPMZM 上路的直流偏置中"Amplitude"设置为"2.66 V"，下路设置为"1.2 V"，模拟主调制器偏置的延迟器中相移设置为"23°"，上述设置组合为固定下路偏置，对另外两个参数扫频得到的最佳值。点击 Run 即可在 PD 后的 SignalAnalyzer 中观测到如图 4-72(b) 所示的频谱图。

（2）在 SFDR 数据测量时，需要用到滤波器与功率计，使 3 个偏置点设置在最佳位置。点击双音信号后的衰减器后，右键单击"Attenuation"，选择"Create Sweep Control"，在随后弹出的"Define Control"中，设置"Upper limit"为"−30"，"Lower limit"设置为"30"，"Division type"选择"Step width"，"Division value"设置为"−1"，"Sweep depth"设置为"0"，点击 OK 之后，最后点击设置界面中"Master Control"中的绿色箭头运行。保存"Numerical Analyzer2D"中的数据后在 Origin 中绘制 SFDR 曲线，如图 4-73(b) 所示。

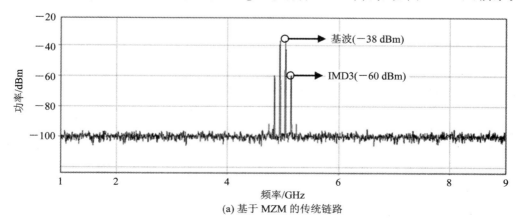

(a) 基于 MZM 的传统链路

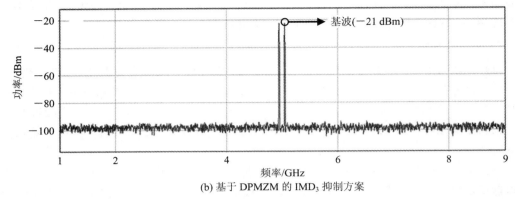

(b) 基于 DPMZM 的 IMD_3 抑制方案

图 4-72 电谱图

图 4-72 为两个链路输出电谱图的对比。图 4-72(a) 为基于 MZM 的传统链路，可以看到频谱图中有明显的 IMD_3 分量，且距离基波较近，无法简单地通过滤波器滤出。而图 4-72(b) 中的基于 DPMZM 的方案中，IMD_3 分量被明显抑制，基本达到噪声水平。

图 4-73 为两个链路输出电谱图的 SFDR。图 4-73(a) 为基于 MZM 的传统链路，为 111 dB·$Hz^{\frac{2}{3}}$。而基于 DPMZM 的链路 IMD_3 被显著抑制 SFDR 达到 139 dB·$Hz^{\frac{2}{3}}$，如图 4-73(b) 所示。相比传统基于 MZM 的 RoF 链路，基于 DPMZM 的链路将 SFDR 提高了 28 dB。

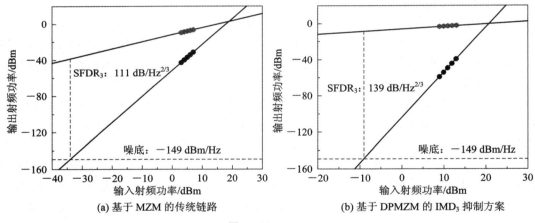

(a) 基于 MZM 的传统链路　　　　　　　　(b) 基于 DPMZM 的 IMD_3 抑制方案

图 4-73 SFDR

2. 宽带验证

为了验证该方案的宽带特性，在仿真中，产生了中心频率为 4 GHz 的 RF 矢量信号，该信号采用十六进制正交幅度调制(16QAM)。仿真连接如图 4-74 所示。只需将上文中的双音信号变为宽带信号即可，具体参数设置如表 4-19 所示。发射信号后连接的第一个衰减器设置"Attenuation"为"19 dB"，第二个衰减器用于扫频得到 EVM 数据。点击 Run 即可在 PD 后的"SignalAnalyzer"中观测到如图 4-75 所示的频谱图与星座图。EVM 测试中则需要加入接收解调模块，其设置与发射信号完全一致。右键单击第二个衰减器中的"Attenuation"，选择"Create Sweep Control"，在随后弹出的"Define Control"中，设置"Upper limit"为"-16"，"Lower limit"设置为"20"，"Division type"选择"Step width"，

"Division value"设置为"－2"，"Sweep depth"设置为"0"，点击"OK"之后，最后点击设置界面中"Master Control"中的绿色箭头运行。保存 Numerical Analyzer2D 中的数据后在 Origin 中绘制 EVM 曲线，如图 4－76 所示。

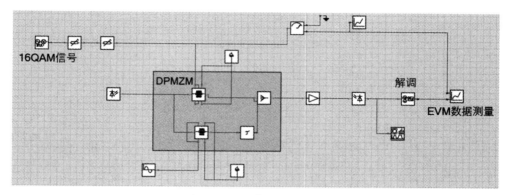

图 4－74　宽带测试连接图

测得的电谱及星座图如图 4－75 所示。其中图 4－75(a)是基于 MZM 的链路输出的电谱图，其对应的星座图如图 4－75(b)所示，从图中可以明显地看出由于 IMD_3 的影响，临信道中的干扰分量非常明显，对主信道产生了较大的影响，且星座图出现扭曲变形情况。图 4－75(c)为基于 DPMZM 链路的电谱图，其对应的星座图为图 4－75(d)所示，可以看出由于电谱图中 IMD_3 被抑制，临信道干扰明显下降。星座图中各单元信号幅值及相位分布均比较理想，证明了该方案良好的线性化效果。

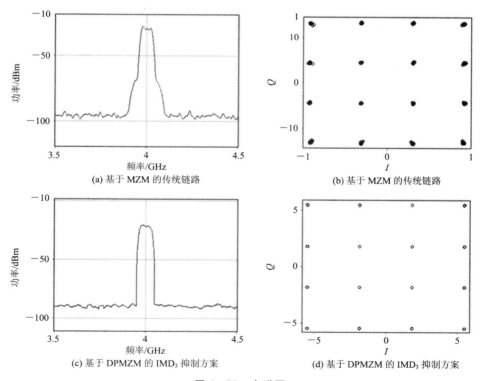

(a) 基于 MZM 的传统链路

(b) 基于 MZM 的传统链路

(c) 基于 DPMZM 的 IMD_3 抑制方案

(d) 基于 DPMZM 的 IMD_3 抑制方案

图 4－75　电谱图

图 4-76 为两个方案的 EVM 对比，圆点实线为基于正交点 MZM 的链路，星状实线为基于 DPMZM 的链路。通过对比可以看出基于 DPMZM 的 IMD_3 抑制方案可以在较大的输入射频功率范围内保持较低的 EVM 值，也证明了该方案较好的线性化效果。

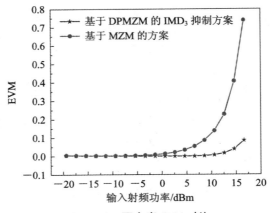

图 4-76   两方案 EVM 对比

4.6.3   案例总结

本案例介绍了一种用于消除 IMD_3 的 RoF 链路，并进行了仿真验证。该链路使用一个 DPMZM 来消除系统的 IMD_3。光载波在 MZMa 中由射频信号调制，在 MZMb 中不加调制。通过优化 DPMZM 的 3 个偏置，调制信号自拍频产生的 IMD_3 与调制信号和未调制 OC 之间的拍频产生的 IMD_3 具有相反的相位和相等的强度。这两种 IMD_3 项相互抵消，从而产生大的动态范围和更好的线性度。仿真结果证明 IMD_3 被显著抑制，$SFDR_3$ 提升了 28 dB。在 16QAM 宽带测试中实现了较大的输入射频功率范围内较低的 EVM 值，也证明了本链路较好的线性化效果。

1. 方案优缺点

该方案的优缺点如下：

（1）优点：结构简单，体积小，仅需一个激光器、一个集成的调制器和一个 PD，可以广泛应用于单倍程系统中。

（2）缺点：调制器的偏置点不稳定，容易随温度、时间等产生漂移，无法消除二阶交调失真，不能用在跨倍频程系统中。

2. 实际实验中需要注意的事项

实际实验中需要注意以下事项：

（1）实际中，DPMZM 需要手动调节 3 个直流源的输出电压来找到最优点。

（2）链路中各个连接处均有光损耗，实验中总的光损耗较大，因此需要 EDFA 进行光功率补偿。

（3）PD 为静电敏感器件，实际测试时需要佩戴静电手环。

（4）PD 有饱和光功率的指标，即输入的光功率有上限值，超过这个上限以后输出光电流将不会继续增加。在实验中要格外注意，并不是输入 PD 的光功率越大越好。

4.7 基于 PDM-DPMZM 的二阶、三阶交调同时抑制方法

在基于正交偏置 MZM 的强度调制模拟光链路（Analog Photonic Link，APL）中，二阶互调失真（Second-order Intermodulation Distortion，IMD$_2$）可以自然消除，此时，三阶互调失真（Third-order Intermodulation Distortion，IMD$_3$）是主要的失真来源。在亚倍频程和多倍频程应用中，IMD$_3$ 位于基频项附近。它不能被滤波器滤除，严重限制了 APL 的整体动态范围（spurious-free dynamic range，SFDR）。

目前，业内提出了非常多的 IMD$_3$ 消除方法，包括光学非线性处理[30-31]、数字信号处理[32]、使用两个调制器进行失真抵消[33-35]、基于偏振复用的失真抵消[36]、额外的载波补偿[37]和色散处理[38]。然而，在这些线性化方法中，IMD$_3$ 的抑制是以 IMD$_2$ 的增加为代价的。这些方法对于 IMD$_2$ 远离基频项的亚倍频程应用是有效的，但在宽带或多载波射频（radio frequency，RF）信号的多倍频程应用中，仍然面临着严重的 IMD$_2$ 恶化[39]。

Class-AB 平衡检测是抑制 IMD$_2$ 的有效方法之一[5]。在强度调制的 Class-AB APL 中，射频信号通过两个平行的 MZM 进行调制[40]。这两个调制器的偏置是对称的，以产生两个互补的光信号用于检测，从而消除 IMD$_2$。此外，Class-AB APL 也可以使用偏振调制器[41]或偏振分复用调制器[42]实现。

4.7.1 方案原理

本案例设计并演示了一个基于并行双平行马赫曾德尔调制器（Dual-parallel Mach-Zehnder Modulator，DPMZM）和平衡光电探测器（Balanced Photodetector，BPD）的多倍频程、高线性度的 APL[39]。案例的原理如图 4-77 所示，它主要包含一个激光器（Laser Diode，LD）、两个平行的 DPMZM（X-DPMZM 和 Y-DPMZM）和一个 BPD。实际上，该方案包括上、下两个子 APL，在每个基于 DPMZM 的子 APL 中，都可以通过适当调整调制器

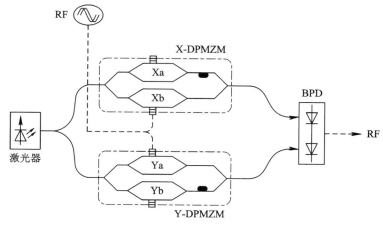

图 4-77　多倍频程、高线性度模拟光子链路示意图

的工作点来抑制 IMD_3。除此之外，通过设置两个子 DPMZM 的工作点对称，能够产生两路互补的光信号，最终经过平衡探测以后可以消除 IMD_2、共模噪声等共模成分。

1. IMD_3 抑制原理

首先，只分析图 4-77 所示上面路径的一个子 APL。RF 信号加载到 X-DPMZM 的子调制器 Xb 上进行电光调制，另一个子调制器 Xa 空载。其中，X-DPMZM 的子调制器 Xa 和主调制器均工作在最大点（即 $\varphi_{Xa}=\varphi_{Xm}=0$），子调制器 Xb 的直流偏置表示为 φ_{Xb}。

假设激光器的输出光信号表示为 $E_C(t)$，RF 信号调制引入的相位变化表示为 $x(t)$，则 X-DPMZM 的输出可以表示为

$$
\begin{aligned}
E_{\text{X-DPMZM}}(t) &= \frac{\sqrt{\mu}\,E_C(t)}{2}\left[E_{Xa}(t)+E_{Xb}(t)e^{j\varphi_{Xm}}\right] \\
&= \frac{\sqrt{\mu}\,E_C(t)}{4\sqrt{2}}\left\{\left[e^{j\varphi_{Xa}/2}+e^{-j\varphi_{Xa}/2}\right]+\left[e^{j\left[x(t)+\varphi_{Xb}/2\right]}+e^{-j\left[x(t)+\varphi_{Xb}/2\right]}\right]e^{j\varphi_{Xm}}\right\} \\
&= \frac{\sqrt{\mu}\,E_C(t)}{2\sqrt{2}}\left\{1+\cos\left[x(t)+\frac{\varphi_{Xb}}{2}\right]\right\}
\end{aligned}
\tag{4-79}
$$

其中，μ 表示调制器的插损。经过光电探测以后，得到的光电流可以表示为

$$
\begin{aligned}
i_X(t) &= \eta\,|E_{\text{X-DPMZM}}(t)|^2 \\
&= \eta E_{\text{X-DPMZM}}(t)\times E_{\text{X-DPMZM}}^*(t) \\
&\propto \cos\left[2\left(x(t)+\frac{\varphi_{Xb}}{2}\right)\right]+2\cos\left(x(t)+\frac{\varphi_{Xb}}{2}\right)+1
\end{aligned}
\tag{4-80}
$$

其中，η 表示光电探测器的响应度。为了简化分析，将双音 RF 信号作为调制信号输入，则引起的相位变化可以表示为 $x(t)=m(\sin\omega_1 t+\sin\omega_2 t)$。其中 m 为调制指数，$\omega_{1,2}$ 为双音信号的角频率。

此时，公式（4-80）表示的光电流可以改写为

$$
i_X(t)\propto \overbrace{X_0}^{\text{直流项}}+\overbrace{X_1(\sin\omega_1 t+\sin\omega_2 t)}^{\text{基频项}}-\overbrace{X_2\cos(\omega_1\pm\omega_2)t}^{IMD_2}+
$$
$$
\overbrace{X_3\left[\sin(2\omega_1\pm\omega_2)t+\sin(2\omega_2\pm\omega_1)t\right]}^{IMD_3}
\tag{4-81}
$$

其中，$X_{0,1,2,3}$ 分别表示直流、基频、IMD_2 和 IMD_3 项的系数。当使用贝塞尔函数展开后，该系数可以近似写作：

$$
\begin{cases}
X_0 \approx \dfrac{3}{2}+2\cos\dfrac{\varphi_{Xb}}{2}+\dfrac{1}{2}\cos\varphi_{Xb} \\[2mm]
X_1 \approx -2\sin\dfrac{\varphi_{Xb}}{2}\left(1+\cos\dfrac{\varphi_{Xb}}{2}\right)m \\[2mm]
X_2 \approx -\left(\cos\dfrac{\varphi_{Xb}}{2}+\cos\varphi_{Xb}\right)m^2 \\[2mm]
X_3 \approx -\dfrac{1}{2}\sin\dfrac{\varphi_{Xb}}{2}\left(1+4\cos\dfrac{\varphi_{Xb}}{2}\right)m^3
\end{cases}
\tag{4-82}
$$

因此，为了在保留基频项的同时抑制 IMD_3，必须满足以下条件：

$$\begin{cases} X_1 \neq 0 \\ X_3 = 0 \end{cases} \Rightarrow \varphi_{Xb} = 2\arccos\left(-\frac{1}{4}\right) \approx \pm 209° \qquad (4-83)$$

子调制器 Xb 可以偏置在上述两个对称点中的任意一个处，都能实现 IMD_3 的抑制。

2. IMD_2 抑制原理

在图 4-77 下支路的另一个子 APL 中，RF 信号驱动子调制器 Ya，子调制器 Yb 和主调制器均工作在最大点（即 $\varphi_{Yb} = \varphi_{Ym} = 0$），子调制器 Ya 的直流偏置表示为 φ_{Ya}，则下支路的光电流可以表示为

$$i_Y(t) \propto \overbrace{Y_0}^{\text{直流项}} + \overbrace{Y_1(\sin\omega_1 t + \sin\omega_2 t)}^{\text{基频项}} - \overbrace{Y_2\cos(\omega_1 \pm \omega_2)t}^{IMD_2} +$$

$$\overbrace{Y_3\left[\sin(2\omega_1 \pm \omega_2)t + \sin(2\omega_2 \pm \omega_1)t\right]}^{IMD_3} \qquad (4-84)$$

设置下支路中子调制器 Ya 的直流偏置点与上支路中子调制器 Xb 的直流偏置点相互对称，即

$$\varphi_{Xb} = 209°, \quad \varphi_{Ya} = -209° \qquad (4-85)$$

在上述条件设置下，上、下两条支路中的 IMD_3 分量都被消除。同时，两个子 APL 最终解调出来的信号也是互补的。即基频、IMD_3 等奇数阶分量的幅度相同，相位相反；直流、IMD_2 等偶数阶分量幅度相同，相位也相同。此时，上、下两条支路中各阶分量的系数具有以下关系：

$$\begin{cases} Y_0 = X_0 \\ Y_1 = -X_1 \\ Y_2 = X_2 \\ Y_3 = -X_3 \end{cases} \qquad (4-86)$$

最终经过 BPD 以后，基频和 IMD_2 分量被抵消，只剩下基频分量，可以表示为

$$i_{BPD}(t) \propto 2X_1(\sin\omega_1 t + \sin\omega_2 t) \approx -2.9m(\sin\omega_1 t + \sin\omega_2 t) \qquad (4-87)$$

本案例中消除 IMD_3 的原理与前一个案例相同。在前一个案例的分析中，抑制 IMD_3 需要的 3 个偏置相移有很多组。本案例的不同之处在于，选择两个相互对称的相移能够在抑制 IMD_3 的同时抑制 IMD_2。BPD 会使得基频输出电流加倍，链路增益可以提高 6 dB。此外，还能够消除共模噪声，如 RIN 噪声和 EDFA 引入的 ASE 噪声。

4.7.2　仿真与分析

原则上，本案例可以根据图 4-77 所示使用两个独立的 DPMZM 实现。实际上，还可以使用集成的 PDM-DPMZM 作为并行的 DPMZM，后端再增加偏振解调来实现，示意图如图 4-78 所示。

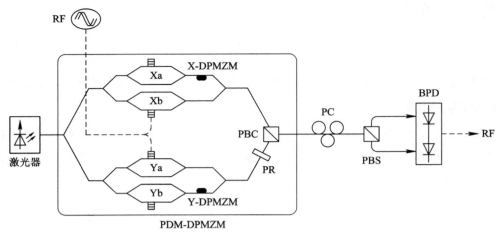

图 4-78　基于 PDM-DPMZM 的多倍频程、高线性度模拟光子链路示意图

1. 仿真及参数设置

为了模拟真实的实验环境，仿真中使用 PDM-DPMZM，所有参数均与实验对齐，具体的仿真和参数设置如图 4-79 和表 4-20 所示。

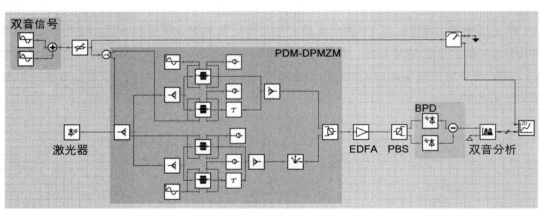
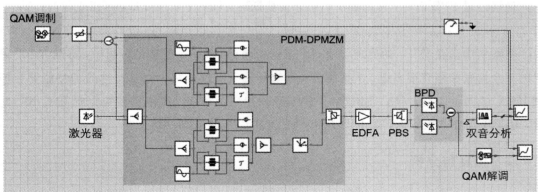

图 4-79　本案例仿真示意图

表 4 - 20　仿真参数设置

器　件	参　数
激光器	波长：1551.8 nm；功率：10 dBm；RIN：−160 dBc/Hz
调制器 （PDM-DPMZM）	半波电压：3.5 V；插损：10 dB；消光比：35 dB； 直流偏置角：$\varphi_{Xa}=\varphi_{Yb}=\varphi_{Xm}=\varphi_{Ym}=0°$
调制器（MZM）	半波电压：3.5 V；插损：5 dB；消光比：35 dB；直流偏置角：90°
EDFA	输出功率：4 dBm；NF：4 dB；工作模式：APC
BPD	响应度：0.45 A/W
双音 RF 信号	频率：6/6.1 GHz
宽带 RF 信号	16QAM（通过设置模块内 BitPerSymbolQAM=4 得到）；载频：6 GHz 带宽：100 MHz（通过设置模块内比特率=默认比特率/4 得到）
全局变量	比特率：1 GHz；采样率：128 GHz；时间窗：512 s （在星座图的仿真中根据需要适当增加时间窗，本案例中增加至 1024 * 16 s）

2. 仿真步骤及结果

1）双音测试

使用频率为 6/6.1 GHz，功率为 5 dBm 的双音 RF 信号进行了仿真。需要说明的是，由于 VPI 中信号分析仪 SignalAnalyzer 的默认阻抗为 1 Ω，因此其显示的频谱功率比实际值小 17 dB。但这不影响 IMD_3 抑制的判断，使用功率计测量信号时只要合理设置功率计的参数，即可得到正确的输出功率。

其仿真步骤如下：

（1）根据图 4 - 79 所示，搭建双音仿真链路图。

（2）根据表 4 - 20 所示，合理设置仿真参数。注意双音分析仪 TwoTone_Analyzer 有多路输出，需要双击其输出线缆将 Link Type 改成 bus，Bus Width 的取值根据 TwoTone_Analyzer 的输出数量决定。本案例中，TwoTone_Analyzer 同时输出信号基频、IMD_2、IMD_3 和底噪，因此 Bus Width=4。

（3）在需要观察的链路节点处放置信号分析仪 SignalAnalyzer。本案例中，SignalAnalyzer 放置在 PD/BPD 后。

（4）点击 VPI 主页面上方工具栏中的"Run"，即可启动仿真，得到信号的谱图。谱图的相关编辑操作可在 VPIphotonicsAnalyzer 页面中进行。

（5）各个分量功率随输入 RF 信号功率变化的测量：首先设置双音信号后的电衰减器为扫描工作模式，具体操作为双击"AttenuatorEl"→选中"Attenuation"→右键点击"Creat Sweep Control"→合理设置扫描参数后，点击两次"OK"→点击绿色三角行启动按钮开始仿真。若扫描结束后需要修改扫描参数，点击左下角的"Edit"即可。

仿真结果如下：

首先，设置正交偏置的 MZM 作为对照组，其输出频谱如图 4 - 80(a)所示。在频谱中，除了频率分量为 6 GHz 和 6.1 GHz 的基频分量外，还观察到了直流分量、频率分量为

5.9 GHz 和 6.2 GHz 的 IMD_3 分量、频率分量为 5.8 GHz 和 6.3 GHz 的 IMD_5 分量等。注意到，由于正交偏置 APL 的固有特性，频率位于 0.1 GHz 处的 IMD_2 分量被消除。

然后，仿真了基于单个 DPMZM 的 APL 特性，其输出频谱如图 4-80(b)所示。在该链路中，能够发现 IMD_3 分量被明显抑制，与正交偏置的 APL 相比，IMD_3 抑制量提高了 45.2 dB，IMD_5 被完全抑制。然而，IMD_3 的抑制导致 IMD_2 的严重恶化。此时，IMD_2 的功率约为 -52.7 dBm，还出现了其他阶的交调失真分量。需要说明的是，对于 RF 信号不受 IMD_2 干扰的亚倍频程应用，该链路的 SFDR 较高。然而，对于多倍频程应用，该链路的整体 SFDR 由二阶 $SFDR(SFDR_2)$ 主导，因此抑制 IMD_3 将变得毫无意义。

最后，仿真了本案例基于 PDM-DPMZM＋BPD 的 APL 特性输出频谱，如图 4-80(c)所示。由于进行了对称偏置点设置和使用了 BPD，与基于单个 DPMZM 的 APL 相比，该链路中的直流、IMD_2 和其他共模失真分量均被消除。此外，在消除了 IMD_3 以后，基频、IMD_5 等差模分量得到了约 6 dB 的提高。

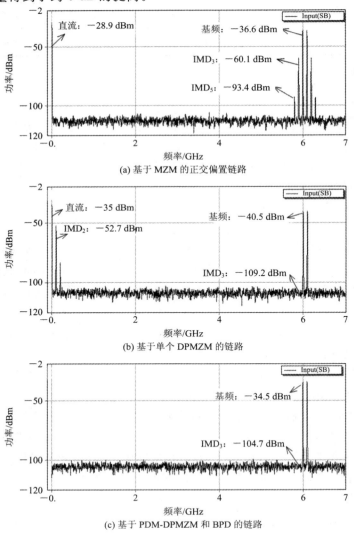

(a) 基于 MZM 的正交偏置链路

(b) 基于单个 DPMZM 的链路

(c) 基于 PDM-DPMZM 和 BPD 的链路

图 4-80　当输入 RF 功率为 5 dBm 时的输出频谱图

逐渐改变输入 RF 信号的功率，观察 3 种链路中基频、IMD_2、IMD_3 功率和底噪的变化情况，正交偏置 APL 的 SFDR 如图 4 - 81(a)所示。其中，增益和噪声系数（noise figure，NF）分别为 -23.5 dB 和 33.5 dB，$SFDR_3$ 为 105.6 dB·$Hz^{2/3}$。由于正交 APL 中不存在 IMD_2，因此 $SFDR_2$ 较理想。

基于单个 DPMZM 的 APL 的 SFDR 如图 4 - 81(b)所示。增益和 NF 分别为 -26.8 dB 和 42.6 dB，通过调整直流偏置抑制 IMD_3 以后，系统中 IMD_5 占据非线性失真的主导。此时 IMD_3 曲线的斜率为 5，$SFDR_3$ 达到 123.9dB·$Hz^{4/5}$，$SFDR_2$ 恶化至 74.2 dB·$Hz^{1/2}$。与正交 APL 相比，该链路的 $SFDR_3$ 提高了 18.3 dB，但增益和 NF 均有恶化。其中，底噪的抬高是由于基于 DPMZM 的 APL 损耗更大，在 APC 工作模式下，EDFA 的放大增益更高，导致系统噪声恶化。

本案例基于 PDM-DPMZM＋BPD 的 APL 的 SFDR 如图 4 - 81(c)所示。增益和 NF 分别为 -20.8 dB 和 39.6 dB，$SFDR_3$ 达到 126.1 dB·$Hz^{4/5}$。由于进行了平衡探测，与基于单个 DPMZM 的 APL 相比，增益有所提高。在噪声方面，共模 RIN 噪声相互抵消，而差模散粒噪声加倍，因此总噪声的增加小于链路增益，也就导致 NF 从 42.6 dB 降低到 39.6 dB。

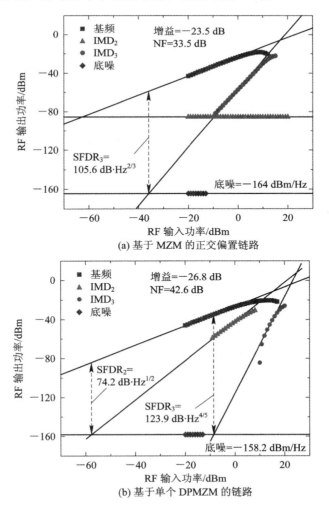

(a) 基于 MZM 的正交偏置链路

(b) 基于单个 DPMZM 的链路

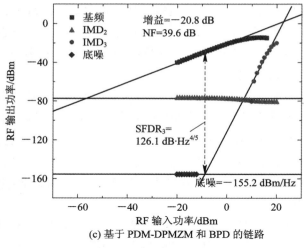

图 4-81 二阶和三阶 SFDR

2）宽带测试

首先介绍误差矢量幅度（Error Vector Magnitude，EVM）和邻信道峰值功率比（Adjacent Channel Power Ratio，ACPR）的基本概念。

EVM 是指理论波形与接收到的实际波形之差，是平均误差矢量信号功率与平均参考信号功率之比的均方根值[43]，具体定义为

$$\text{EVM} = \frac{\sqrt{\text{误差矢量信号平均功率均方}}}{\sqrt{\text{理想信号平均功率均方}}} \times 100\% \qquad (4-88)$$

ACPR 是指相邻频率信道的平均功率和当前所用信道的平均功率之比。它是衡量发射系统线性度的常用指标，可以用来描述功率放大器非线性失真引起的信号带外频谱失真特性，也就是主功率泄漏到邻频信道的程度[44]，其定义如公式（4-89）所示。其中主信道和邻信道之间的通道间隔约比通道带宽大 1~10 MHz 左右，示意图如图 4-82 所示。

$$\text{ACPR} = \frac{P_{\text{adjacent}}}{P_{\text{main}}} \qquad (4-89)$$

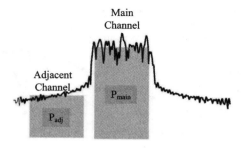

图 4-82 ACPR 示意图

使用调制格式为 16QAM、载频为 6 GHz、带宽为 100 MHz、功率为 5 dBm 的通信矢量信号进行了仿真。

其仿真步骤如下：

（1）根据图 4-79 所示搭建宽带仿真链路图。

（2）根据表 4-20 所示，合理设置仿真参数。注意 QAM 调制模块 Tx_EI-mQAM 输出信号的功率较大，一般为 20 dBm。

（3）在需要观察的链路节点处放置信号分析仪 SignalAnalyzer。本案例中，SignalAnalyzer 放置在 PD/BPD 后。

（4）宽带谱图仿真步骤与双音仿真相同。

（5）设置 QAM 调制模块后的电衰减器为扫描工作模式，同时，合理设置 TwoTone_Analyzer 中主信道/邻信道的频率和带宽、可以得到 ACPR 随输入 RF 功率的变化结果。

（6）QAM 解调模块中的相应参数与 QAM 调制模块对齐，设置其输出为"EVM"，同样，通过设置 QAM 调制模块后的电衰减器为扫描工作模式，可以得到 EVM 随输入 RF 功率的变化结果。

（7）连接好 QAM 解调模块以后，星座图自动弹出。系统默认星座点之间为线条连接，将右侧工具栏中的 Show Line 改为 False 即可得到纯净的星座点。

基于 MZM 的正交 APL 的输出频谱如图 4-83(a) 和图 4-83(b) 所示，可以发现，直流和 IMD_3 导致的邻信道泄漏比较明显且不存在 IMD_2 分量。该信号通过链路后被解调，星座图如图 4-83(c) 所示，由于失真存在，得到的 EVM 为 7.2%。

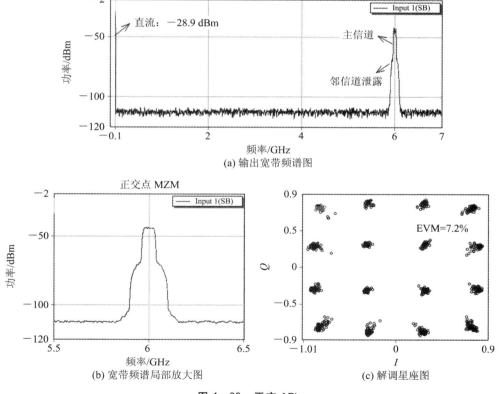

图 4-83 正交 APL

基于单个 DPMZM 的 APL 的矢量信号仿真结果如图 4-79 所示。观察图 4-84(a) 和图 4-84(b) 可知，通过调节直流偏置抑制 IMD_3 以后，消除了主信道旁边的邻信道泄漏。

然而，该链路中出现了 IMD_2，由于 IMD_2 分量远离主信道，解调性能不受影响，此时的星座图十分理想，EVM 仅为 0.1%，表明无误码出现。但是在多倍频程的应用中，是必须要消除 IMD_2 的。

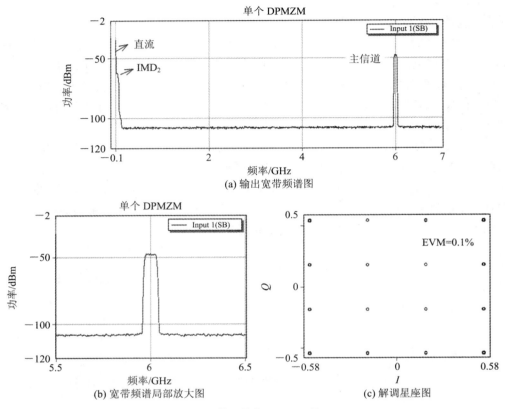

(a) 输出宽带频谱图

(b) 宽带频谱局部放大图

(c) 解调星座图

图 4-84　基于单个 DPMZM 的 APL

本案例基于 PDM-DPMZM＋BPD 的 APL 的矢量信号仿真结果如图 4-85 所示。由于在单个 DPMZM 的基础上设置了对称偏置点，配合 BPD 使用后同时消除了 IMD_2 和 IMD_3。此时的频谱十分纯净，且在主信道旁无泄漏出现。同样地，实现了无误码传输，EVM 为 0.1%。

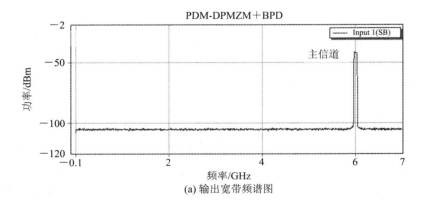

(a) 输出宽带频谱图

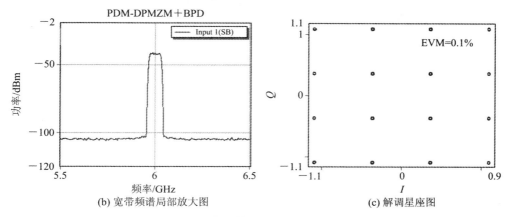

(b) 宽带频谱局部放大图　　　　　(c) 解调星座图

图 4 - 85　本案例基于 PDM-DPMZM 的 APL

ACPR 和 EVM 是评判通信系统性能的重要指标，3 种配置 ACPR 随输入 RF 信号功率的变化趋势如图 4 - 86 所示。在基于 MZM 的正交 APL 中，当输入 RF 功率约为 -9 dBm 时，ACPR 最佳值为 54 dB；在基于 DPMZM 的 APL 中，进行 IMD_3 抑制以后，当输入 RF 功率约为 5 dBm 时，ACPR 达到最佳值 58 dB。与正交 APL 相比，ACPR 最佳值处的 RF 输入功率后移，ACPR 提高约 4 dB。由于 DPMZM 的损耗相对较大，因此，在输入 RF 功率小于 -5 dBm 时，该链路的增益比正交 APL 小，则 ACPR 较小；当输入 RF 功率范围为 -5 dBm 至 5 dBm 时，正交 APL 的非线性失真出现，增益开始压缩，而基于 DPMZM 的链路还未出现非线性，因此 ACPR 较大。在本案例基于 PDM-DPMZM 的 APL 中，相比单个 DPMZM，平衡探测改善了链路增益，在非线性失真出现之前相当于提高了链路的信噪比，因此 ACPR 较高，最佳值为 61.3 dB，提高了 3.3 dB。在非线性失真方面，两种链路的性能相同，因此 ACPR 后半段曲线重叠。

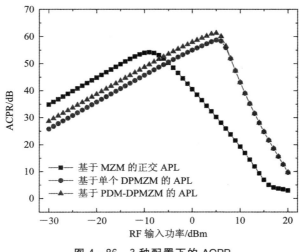

图 4 - 86　3 种配置下的 ACPR

3 种配置下 EVM 随输入 RF 信号功率的变化趋势如图 4 - 87 所示。由于非线性失真的影响，当输入 RF 功率大于 7.5 dBm 时，正交 APL 的 EVM 将超过 12.5%（3GPP 规定，

16QAM 调制格式下，通信用 EVM<12.5%[45]），无法满足通信需求。而基于 DPMZM 和本案例基于 PDM-DPMZM 的两种链路将输入 RF 功率提高到了 15 dBm，这表明，在大功率输入下，后两种链路更具有优势。对比小功率输入情况下，本案例 APL 的 EVM 更低。综上所述，在 ACPR 和 EVM 测试中，本案例基于 PDM-DPMZM 的链路性能更好。

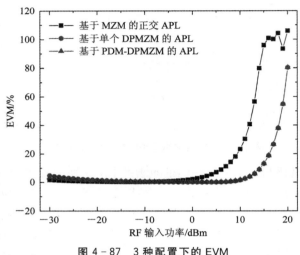

图 4-87　3 种配置下的 EVM

4.7.3　案例总结

本案例介绍了一种用于多倍频程应用的线性化 APL，并对其进行了仿真验证。该 APL 由两个并行的基于 DPMZM 的子 APL 组成。在每个子 APL 中，通过适当调整 DPMZM 的工作点来抑制 IMD_3。此外，两个 DPMZM 被对称偏置，以产生两路互补的光信号进行平衡检测，能够在抑制 IMD_2 的同时提高链路增益和 NF。仿真中使用了集成的 PDM-DPMZM。线性化后，IMD_2 和 IMD_3 被显著抑制，在 6 GHz 工作频率下，IMD_2 被完全抑制，$SFDR_3$ 约为 126.1 dB · $Hz^{4/5}$。在 16QAM、载频 6 GHz，带宽 100 MHz 的宽带通信信号测试下，ACPR 可达 61.3 dB，EVM 仅为 0.1%，这表明本案例具有良好的线性特性和解调特性。

1. 方案优缺点

本方案的优缺点如下：

（1）优点为结构简单，体积小、仅需一个激光器、一个集成的调制器和一个 BPD，可以广泛应用于多种跨倍频程系统中。

（2）缺点为调制器的偏置点不稳定，容易随温度、时间等产生漂移，且在实际操作中无法精确调整两个子调制器的偏置点对称。

2. 实际实验中需要注意的事项

实际实验中需要注意以下事项：

（1）实际中，PDM-DPMZM 的自动偏压控制板只能实现最大、最小和正交点这 3 种特殊点的偏置。针对本案例这种任意点偏置的需求，在实验中一般都是手动调节直流源的输出电压。

（2）PDM-DPMZM 的实际插损值比标称值稍高，且链路中各个连接处均有光损耗，实验中总的光损耗较大。因此一般都需要光放大器进行光功率补偿，常用的为掺铒光纤放大器(Erbium Doped Fiber Amplifier，EDFA)。

（3）实验中一般为三环机械式 PC，需要手动调节到合适的角度。

（4）PD/BPD 为静电敏感器件，实际测试时需要佩戴静电手环。

（5）PD/BPD 有饱和光功率的指标，即输入的光功率有上限值，超过这个上限以后输出光电流将不会继续增加。在实验中要格外注意，并不是输入 PD/BPD 的光功率越大越好。

3. 仿真设置

1）全局变量

本方案设置的全局变量如图 4 - 88 所示。

Name:	Value		Unit	T...	👁	P
▾ 📁 Global						
f TimeWindow	512/BitRateDefault	✎	s	S		☐
i GreatestPrimeFac...	2			S		☐
☰ InBandNoiseBins	OFF	▾ ✎		S		☐
☰ BoundaryConditions	Periodic	▾ ✎		S		☐
☰ LogicalInformation	ON	▾ ✎		S		☐
f SampleModeBan...	SampleRateDefault	✎	Hz	S		☐
f SampleModeCent...	193.1e12	✎	Hz	S		☐
f SampleRateDefault	128e9	✎	Hz	S		☐
f BitRateDefault	1e9	✎	bit/s	S		☐

图 4 - 88　本方案全局变量设置

2）仿真图修改

（1）修改坐标轴字体大小。双击需要修改的坐标轴—右侧"Axis Title Font"—"Arial，12pt"；

（2）修改坐标轴标签。双击需要修改的坐标轴—右侧"Axis Title "—"Arial，12pt"；

（3）修改页面标题：双页面空白处 — 右侧"Chart Title"—键入标题，下方"Title Font"—"Arial，12pt"；

3）仿真图添加注释

（1）添加文字注释：点击工具栏"Chart"—"Add Annotation"。

（2）添加箭头：点击工具栏"Chart"—"Add Arrow"。

（3）仿真星座图的时候，时间窗变为"1024 * 16/BitRateDefault"。

4.8　光纤色散导致的输出信号功率周期性衰落

在光载射频系统中，经常会涉及到光纤的远距离传输，而在光纤的传输中，通常会存在光纤的色散现象。光纤的色散会使传输的信号产生相移，对整个传输系统的性能和接收端的信号质量产生影响。本节讲具体介绍 IMDD 调制链路中的色散现象引起的功率周期性衰落以及抑制的方法。

4.8.1　功率周期性衰落原理

在传统的 IMDD 调制链路中，光纤色散将会对输出的射频信号引起功率的衰落，并且伴随着信号频率、光纤长度等参量的变换，其功率衰落现象也呈现一定的周期性，因此称之为共两张周期性衰落。我们以传统 MZM 的小信号 DSB 调制为例，经过一段 SMF 传输后，输出光信号可以表示为

$$E_{\mathrm{SMF}}(t) \propto \Big[\mathrm{J}_1(m)\exp\mathrm{j}(\omega_c t+\omega_s t+3\pi/4+\theta_1)+\mathrm{J}_0(m)\exp\mathrm{j}(\omega_c t+\pi/4+\theta_0)+$$
$$\mathrm{J}_1(m)\exp(\omega_c t-\mathrm{j}\omega_s t+3\pi/4+\theta_{-1})\Big] \tag{4-89}$$

其中 θ_0，θ_1 和 θ_{-1} 分别为光纤色散对光载波、光正负一阶边带引入的相移[46]，即

$$\begin{cases} \theta_0=L\beta(\omega_c) \\ \theta_{\pm1}=L\beta(\omega_c)\pm\tau_c\omega_s+\dfrac{1}{2}D\omega_s^2 \end{cases} \tag{4-90}$$

其中 $\tau_c=L\beta'(\omega_c)$ 和 $D=L\beta''(\omega_c)$ 是光载波在长度为 L 的光纤中传输所经历的群时延和一阶色散[47]。$\beta'(\omega_c)$ 和 $\beta''(\omega_c)$ 是传输常数 $\beta(\omega_c)$ 的一、二阶导数。传输后的信号经过光电探测后，忽略直流及高次谐波，仅考虑输出的基波项，得到的光电流可以表示为

$$i(t)=E_{\mathrm{SMF}}(t)\cdot E_{\mathrm{SMF}}(t)^*$$
$$=\mathrm{J}_0(m)\mathrm{J}_1(m)\big[\sin(\omega_s t+\theta_1-\theta_0)-\sin(\omega_s t-\theta_{-1}+\theta_0)\big] \tag{4-91}$$

将式（4-90）代入式（4-91）可得

$$i(t)=2\sin\left(\frac{D\omega_s^2}{2}\right)\cos\big[\omega_s t+\tau(\omega_s)\big] \tag{4-92}$$

可以看出，输出基波信号的功率受到 $\sin(D\omega_s^2/2)$ 的影响，因此随着光纤长度以及信号频率的改变，信号功率会产生周期性的衰减，称为色散导致的功率周期性衰落。

由上述分析我们可以看出，群时延只会改变输出基波信号的相位，而一阶色散则是引起功率周期性衰落的主要原因[48-50]。如图 4-89 所示，信号在光纤传输的过程中，一阶色散将对光的正负一阶边带引入 $\varphi=D\omega_s^2/2$ 的相移，因此它们与光载波拍频后得到的基波信号相位分别为 φ 与 $-\varphi$。当产生的两个基波信号反相，即 $\varphi=-\varphi+(2n+1)\pi$ 时，信号完全衰减，从式（4-92）中也可以得到验证。

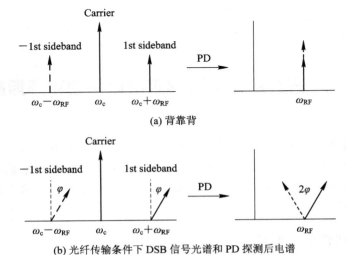

(a) 背靠背

(b) 光纤传输条件下 DSB 信号光谱和 PD 探测后电谱

图 4-89　引入相移后的电谱

4.8.2　抑制功率周期性衰落的经典方法

1. 单边带调制法

从原理分析中可以看出，光纤色散将对不同的光边带引入不同的相移，因此在双边带调制模式下，经过光电探测器的平方模探测过程后，经过干涉，相位的改变将转换至输出信号强度的改变，最终导致信号功率的衰落。因此，消除功率周期性衰落最直接的方式是采用 SSB 调制信号[51-56]。但是该方式需要 90°电桥的参与，该器件首先很难有很大的倍频程，因此很难既满足低频要求又满足高频要求，同时 90°电桥的幅相不平衡度会影响 SSB调制方式中边带的抑制程度。

另外许多研究人员采用了光滤波器的方式实现 SSB 调制，以消除光纤色散的影响[54-56]。但光滤波器的使用也有缺点：首先是光滤波器的滚降特性不佳，会恶化低频信号的 SSB 调制效果；其次，可调谐的光滤波器体积大，造价高，系统的频率可调谐性也相对较差，如图 4-90 所示。

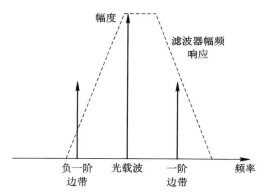

图 4-90　光滤波器对负一阶边带的不完全抑制

2. 可调谐衰落点的双边带调制方案

由于 SSB 信号产生难度大，频率可调谐性差，因此越来越多的学者着眼于在 DSB 调制方式下，通过系统设计来抑制色散导致的功率周期性衰落。其中清华大学郑小平教授提出了基于 DPMZM 的色散补偿方案[56]，信号同样采用 DSB 的调制方式，通过调节 DPMZM的偏压点，可根据光纤长度或信号频率动态调节光载波和光变带的相位差，用来补偿光纤色散引入的相移。

该方案设计并演示了基于 DPMZM 的功率周期性衰落补偿，方案原理如图 4-91 所示，主要包含一个激光器、一个双平行马赫曾德尔调制器，一段光纤和一个光电探测器。其中 DPMZM 包含两个子调制器（MZM1 和 MZM2）以及一个主调制器，射频信号加载至MZM1 的射频输入端口，偏压 1 调节其工作点，输出调制后的光信号；MZM2 的射频输入端口空载，偏压 2 调节其工作点（可视为调节输出光载波功率），输出纯净的光载波。随后两个子调制器的输出合路后输出，偏压 3 调节上下两路的相位差。经光纤传输后，由光电探测器将传输、处理后的光信号重新转换为射频信号。通过调节 3 个偏压，这一方案便可实现功率衰落的抑制。

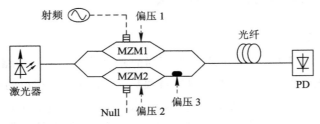

图 4-91 基于 DPMZM 的功率周期性衰落补偿方案

假设激光器的输出光载波表示为 $E_C(t)$，射频信号 $V_{RF}(t)=V_{RF}\cos(\omega_{RF}t)$，此处我们调节偏压 1，令 MZM1 工作在最小点，产生抑制载波的双边带调制；调节偏压 2，令 MZM2 工作在最大点，输出光载波，此时上下两个子调制器合并起来可以视为实现了双边带调制，MZM1 和 MZM2 的输出可以分别表示为

$$E_{MZM1}(t)=\frac{\sqrt{2}E_C(t)}{2}jJ_1(m_{RF})\left[\exp(j\omega_{RF}t)+\exp(-j\omega_{RF}t)\right] \tag{4-93}$$

$$E_{MZM2}(t)=\frac{\sqrt{2}E_C(t)}{2} \tag{4-94}$$

其中，J_1 为第一类贝塞尔函数展开式的一阶，$m_{RF}=\pi V_{RF}/V_\pi$ 为信号的调制指数，V_π 为调制器的半波电压。主调制器偏压 3 可以对两个子调制器引入可调谐的相位差，因此 DPMZM 的输出可以表示为

$$E_{DPMZM}(t)=\frac{E_c(t)}{2}\{jJ_1(m_{RF})\left[\exp(j\omega_{RF}t)+\exp(-j\omega_{RF}t)\right]+\exp(j\phi_3)\} \tag{4-95}$$

其中，$\phi_3=\pi V_3/V_{\pi3}$ 为主调偏压 V_3 所引入的相移，$V_{\pi3}$ 为主调制器的直流半波电压。经过光纤传输后，光纤色散将对不同的光边带引入不同的相移，其输出可以表示为

$$E_{SMF}(t)=\frac{E_C(t)}{2}\{jJ_1(m_{RF})\left[\exp j(\omega_{RF}t+\theta_1)+\exp j(-\omega_{RF}t+\theta_{-1})\right]+\exp j(\phi_3+\theta_0)\}$$

$$\tag{4-96}$$

其中 θ_0，θ_1 和 θ_{-1} 分别为光纤色散对光载波、光正负一阶边带引入的相移，即

$$\theta_0=L\beta(\omega_c)$$
$$\theta_{\pm1}=L\beta(\omega_c)\pm\tau_c\omega_{RF}+\frac{1}{2}D\omega_{RF}^2 \tag{4-97}$$

其中 $\tau_c=L\beta'(\omega_c)$ 和 $D=L\beta''(\omega_c)$ 是光载波在长度为 L 的光纤中传输所经历的群时延和一阶色散。$\beta'(\omega_c)$ 和 $\beta''(\omega_c)$ 是传输常数 $\beta(\omega_c)$ 的一、二阶导数。传输后的信号经过光电探测后，忽略直流及高次谐波，仅考虑输出的基波项，得到的光电流可以表示为

$$i(t)\propto 2\sin\left(\frac{D\omega_{RF}^2}{2}-\phi_3\right)\cos\left[\omega_{RF}t+\tau(\omega_{RF})\right] \tag{4-98}$$

通过式(4-98)可以看出，虽然随着一阶色散量或射频信号频率的改变，输出信号功率会呈现周期性的衰落，但是可以通过调谐主调制器偏置电压的方式调谐 ϕ_3 的值，使得衰落

点得到补偿。

4.8.3　仿真和分析

　　首先我们对 DSB 以及 SSB 调制模式下的光载射频链路进行仿真分析，具体的仿真和参数设置如图 4-92 和表 4-21 所示。

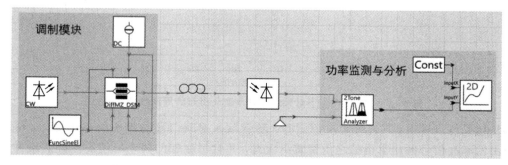

图 4-92　DSB 调制模式下功率周期性衰落仿真示意图

表 4-21　仿真参数设置

器　件	参　　数
激光器	波长：1551.8 nm；功率：10 dBm；线宽：1 MHz；RIN：−160 dBc/Hz
调制器	半波电压：3.5 V；插损：5 dB；消光比：35 dB
单模光纤	扫描模式下长度：1 km～40 km；固定长度：40 km
PD	响应度：0.7 A/W
RF 信号	扫描模式下频率：1 GHz～40 GHz；固定频率：40 GHz

　　仿真设置的全局变量如图 4-93 所示。

Name:	Value		Unit	T...	👁	P
▸ 📁 Optical						
▸ 📁 Physical						
▾ 📁 Global						
f TimeWindow	2*16384/BitRateDefault	✎	s	S		☐
i GreatestPrimeFac...	2	✎		S		☐
☰ InBandNoiseBins	OFF	▾ ✎		S		☐
☰ BoundaryConditions	Periodic	▾ ✎		S		☐
☰ LogicalInformation	ON	▾ ✎		S		☐
f SampleModeBan...	SampleRateDefault	✎	Hz	S		☐
f SampleModeCent...	193.1e12	✎	Hz	S		☐
f SampleRateDefault	16*BitRateDefault	✎	Hz	S		☐
f BitRateDefault	10e9	✎	bit/s	S		☐

图 4-93　仿真系统全局变量参数详情

　　设固定光纤长度为 40 km，对输入射频信号在 1 GHz～40 GHz 下扫描，扫描点数为 80 个点，结果如图 4-94 所示。

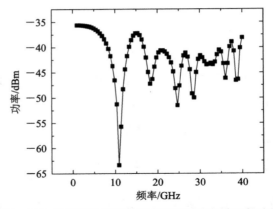

图 4-94　DSB 调制下射频信号频率变化引起的周期性功率衰落

　　从结果可以看出，当光纤长度固定时，随着输入射频信号的频率的不断变化，经过链路输出的基波信号的功率也随之重复减小增大，并且每相邻的两个峰值的间隔长度并非是相等的。这由式(4-92)可以得到，功率随基波频率变化且是非线性的。

　　设固定输入射频信号的频率长度为 40 GHz，对光纤长度在 1～40 km 下扫描，扫描点数为 80 个点，结果如图 4-95 所示。

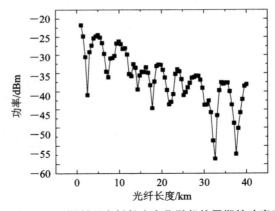

图 4-95　DSB 调制下光纤长度变化引起的周期性功率衰落

　　从结果可以看出，输出基波的功率随光纤长度的变化趋势与输入信号频率的变化趋势是不同的，即每相邻的两个峰值间隔长度是相等的，这是因为在式(4-92)中，基波功率随长度的变化是线性的。此外，随着光纤长度的增加，功率总体在减小，这是因为光纤本身具有损耗随长度增加而增大的特性。

　　之后改变调制器的调制方式为 SSB，同样的扫描方式得到结果如图 4-96 所示。

　　可以看出，在 SSB 调制格式下功率的周期性衰落得到一定的抑制，但是抑制的效果并不理想，这是因为仿真中光滤波器的滚降以及调制器的消光比不够理想，导致调制过程中被抑制的边带并没有完全被抑制掉，这就导致了周期性衰落依然存在。

　　我们对基于 DPMZM 的抑制功率周期性衰落方案进行仿真分析，原理框图如图 4-97 所示。由于 VPI 仿真中没有 DPMZM 器件，所以使用两个 MZM 调制器代替，并在下面的调制器后面接一个光延时器代替主调制器。

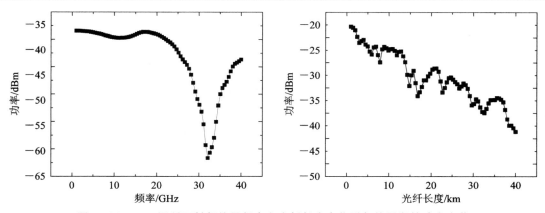

图 4‑96　SSB 调制下射频信号频率和光纤长度变化引起的周期性功率衰落

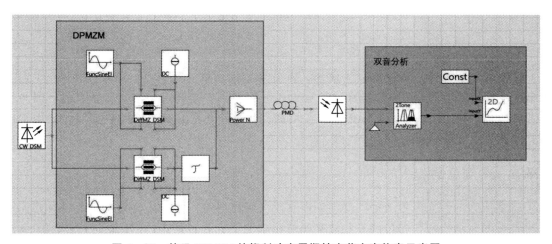

图 4‑97　基于 DPMZM 的抑制功率周期性衰落方案仿真示意图

参考上述 DSB 调制格式下的结果，在光纤长度为 40 km 时，频率在 11 GHz 时达到低峰值，因此选择输入射频信号的频率为 11 GHz。对主调制器的相位在 0～180°进行扫描，得到输出基波的功率如图 4‑98 所示。

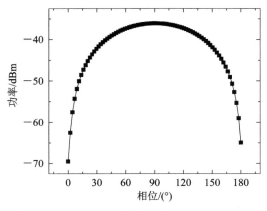

图 4‑98　DSB 调制下频率为 11 GHz 时功率衰落随相位的变化

接着在频率为 11 GHz 时，光线长度在 2.5 km 时达到低峰值，因此选择光纤长度为 2.5 km。同样对主调制器的相位在 0～180° 进行扫描，得到输出基波的功率如图 4 - 99 所示。

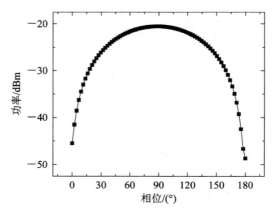

图 4 - 99　DSB 调制下光纤为 2.5 Km 时功率衰落随相位的变化

从结果可以得到，随着相位的增加，输出基波的功率开始增加，当相位位于 90° 左右时，功率达到峰值。这是因为所选择的频率或者光纤长度条件均为衰落的最低点，因为当相位改变时，可以明显地看出输出功率在增加。由此可以看出 DPMZM 对抑制功率周期性衰落方案的效果比较明显。

4.8.4　案例总结

本案例为抑制光纤传输中功率周期性衰落的经典案例，主要是在光纤起始端对要传输的光信号同时加入特定相位的光载波来调节光载波和光变带的相位差，从而补偿光纤色散引入的相移，实现功率衰落的抑制。在仿真中，首先对功率随频率和光纤长度变化的周期性衰落现象进行了仿真，同时又对单边带调制的抑制方式进行了复现，最后将本案例即基于 DPMZM 的抑制功率周期性衰落方案进行了仿真，实现了功率的周期性衰落的抑制。

1. 方案优缺点

该方案的优缺点如下：

（1）优点：结构简单，仅需一个 DPMZM 调制器即可实现，抑制效果明显；

（2）缺点：随着传输信号的频率和光纤长度的改变，需要及时地调整 DPMZM 的偏压电来引入相应的相位补偿，可协调性不高。

2. 实际实验中需要注意的事项

实际实验中需要注意以下事项：

（1）实验中，在通过光载波引入相位时，需要通过调整主调制器的偏压电来实现，并非直接设置相位，因此调整过程中需要微调电压。

（2）PD/BPD 为静电敏感器件，实际测试时需要佩戴静电手环。

（3）在使用 DPMZM 过程中，因为偏置点较为特殊，因此不能使用偏压控制板，而需要手动调整各个子调制器的工作点。

4.9　本章小结

　　RF 信号电光调制和光电解调的性能直接决定了光载射频系统的增益、噪声系数和动态范围等重要技术参数。本章首先针对光载射频系统的核心——RF 信号的调制，介绍了 PM、DSB、CS-DSB、SSB 和 CS-SSB 五种典型电光调制方式，给出了调制过程的数学模型，并对每种调制方式进行了相应仿真演示。接着，介绍了光载射频系统的几种噪声来源，配合仿真演示了噪声水平随激光功率、线宽、调制器半波电压、探测器响应度等参数的变化关系。然后，介绍了正交点偏置下光载射频系统的主要性能指标，包括增益、噪声系数和动态范围，给出了相应的原理说明及公式推导。此外，还论证了调制器偏压点对系统噪声和输出信号各阶分量的影响。

　　另外，为了进一步改善光载射频系统的性能，本章介绍了一系列性能优化方案。首先，针对光电解调，研究分析了正交 MZM 双输出和低偏置并联 MZM 两种平衡探测方案，仿真验证了其成倍提高系统增益和降低共模噪声水平的效果，最终对比总结了两个方案的优缺点；接着，针对非线性失真问题，论述了基于 DPMZM 的三阶交调失真抑制方法，利用调制信号自拍频产生的 IMD_3 与调制信号和未调制 OC 之间的拍频产生的 IMD_3 具有等幅反相的特性提高系统动态范围。仿真结果证明 IMD_3 被显著抑制，$SFDR_3$ 提升了 28 dB；随后，为了提高跨倍频程应用中的线性度，论述了基于 PDM-DPMZM 的二阶、三阶交调同时抑制的方法，在上一个方案的基础上增加 BPD，同时改善二阶和三阶动态范围。仿真结果表明，在 6 GHz 工作频率下，IMD_2 被完全抑制，$SFDR_3$ 约为 126.1 dB · $Hz^{4/5}$。在 16QAM、载频 6 GHz，带宽 100 MHz 的宽带通信信号测试下，ACPR 可达 61.3 dB，EVM 仅为 0.1%；最后，考虑到长距离传输应用背景下光纤色散导致的周期性功率衰落问题，介绍了功率衰落原理，并论述了抑制周期性功率衰落的经典方法，通过在光载波和光边带之间引入相位差，即可补偿光纤色散引入的相移，实现功率衰落的抑制。仿真结果表明，在基于 DPMZM 的抑制功率周期性衰落方案中，频率响应曲线平坦，不存在周期性功率衰落。

参 考 文 献

[1]　陈阳. 微波和毫米波信号光学产生及传输技术研究[D]. 西安：西安电子科技大学，2015.

[2]　MIDDLETON C, BORBATH M, WYATT J, et al. Measurement of SFDR and noise in EDF amplified analog RF links using all-optical down-conversion and balanced receivers [J]. Proceedings of SPIE-the international society for optical engineering，2008：69750Q-12.

[3]　COX C H. Analog Optical Links：Theory and Practice[M]. New York：Cambridge

University Press，2004.

[4] 曾兴雯. 高频电子线路简明教程[M]. 西安：西安电子科技大学出版社，2016.

[5] MARPAUNG D. High dynamic range analog photonic links：design and implementation[D]. Enschede University of twente，2009.

[6] JUODAWLKIS P，PLANT J J，LOH W，et al. High-power，low-noise 1.5-μm slab-coupled optical waveguide(SCOW)emitters：physics，devices，and applications [J]. IEEE journal of selected topics in quantum electronics，2011，17（6）：1698 – 1714.

[7] ZHAO Y，LUO X，TRAN D，et al. High-power and low-noise DFB semiconductor lasers for RF photonic links[C]. IEEE Avionics，Fiber-Optics and Photonics Digest CD，2012：271 – 285.

[8] CAMPBELL J C，BELING A，PIELS M，et al. High-power，high-linearity photodiodes for RF photonics[C]. International Conference on Indium Phosphide and Related Materials，2014：1 – 2.

[9] ZHOU Q，CROSS A，FU Y，et al. Balanced InP/InGaAs photodiodes with 1.5-W output power[J]. IEEE photonics journal，2013，5(3)：6800307.

[10] LOH W，PLANT J J，O′DONNELL F J，et al. Noise figure of a packaged，high-power slab-coupled optical waveguide amplifier（SCOWA）[C]. LEOS 2008—21st Annual Meeting of the IEEE Lasers and Electro-Optics Society，IEEE，2008.

[11] DIDDAMS S A，BARTELS A，RAMOND T M，et al. Design and control of femtosecond lasers for optical clocks and the synthesis of low-noise optical and microwave signals[J]. IEEE journal of selected topics in quantum electronics，2003，9(4)：1072 – 1080.

[12] SCOTT J，GHORBANI K，MITCHELL A，et al. Multi-Wavelength Variable Drive-Voltage Modulator for use in High Dynamic Range Photonic Links[C]. Asia-Pacific Microwave Conference，IEEE，2007.

[13] LI Y，HERCZFELD P R，ROSEN A. Phase Modulated Fiber-optic Link with High Dynamic Range[C]. IEEE MTT-S International Microwave Symposium，IEEE，2008.

[14] SAIFUL M H，CHAU T，MATHAI S，et al. Distributed balanced photodetectors for broad-band noise suppression[J]. IEEE journal of microwave theory and technology，1999，47(7)：1282 – 1288.

[15] ABBAS G，CHAN V，YEE T. A dual-detector optical heterodyne receiver for local oscillator noise suppression[J]. Journal of lightwave technology，1985，3(5)：1110 – 1122.

[16] MADJAR A，MALZ O. A balanced fiberoptic communication link featuring laser rin cancellation[C]. 1992 IEEE International Microwave Symposium(IMS)，IEEE，1992，563 – 566.

[17] MADJAR A，MALZ O. A novel architecture of a balanced fiber-optic

communication link for laser rin reduction[J]. Microwave & optical technology letters，1993，6(1)：15 - 18.

[18]　ISLAM M，CHAN T，NESPOLA A，et al. Distributed balanced photodetectors for high performance RF photonic links[J]. IEEE photonics technology letters，1999，11(4)：457 - 459.

[19]　BURNS W，GOPALAKRISHNAN G，MOELLER R. Multi-octave operation of lowbiased modulators by balanced detection[J]. IEEE photonics technology letters，1996，8(1)：130 - 132.

[20]　SHEN Y，HRAIMEL B，ZHANG X，et al. A novel analog broadband rf predistortion circuit to linearize electro-absorption modulators in multiband OFDM radio-over-fiber systems[J]. IEEE transactions on microwave theory & techniques，2010，58(11)：3327 - 3335.

[21]　LAM D，FARD A M，BUCKLEY B，et al. Digital broadband linearization of optical links[J]. Optics letters，2013，38(4)：446 - 448.

[22]　DAI Y，CUI Y，LIANG X，et al. Performance improvement in analog photonics link incorporating digital post-compensation and low-noise electrical amplifier[J]. IEEE photonics journal，2014，6(4)：1 - 7.

[23]　WANG F，SHI S，PRATHER D W. Microwave photonic link with improved SFDR using two parallel MZMs and a Polarization beam combiner[J]. Journal of lightwave technology，2019，37(24)：6156 - 6164.

[24]　ZHU X，JIN T，CHI H，et al. Photonic receiving and linearization of RF signals with improved spurious free dynamic range[J]. Optics communications，2018，423：17 - 20.

[25]　GAO Y，WEN A，CHEN Y，et al. Linearization of an intensity-modulated analog photonic link using an FBG and a dispersive fiber[J]. Optics communications，2015，338：1 - 6.

[26]　GU Y，YAO J. Microwave photonic link with improved dynamic range through π phase shift of the optical carrier band[J]. Journal of lightwave technology，2019，37(3)：964 - 970.

[27]　SHI F，FAN Y，et al. High performance dual-band radio-over-fiber link for future 5G radio access applications[J]. Journal of optical communications and networking，2022，14(4)：267 - 277.

[28]　WANG R，FAN Y，et al. Bidirectional colorless WDM-PON RoF system with large spurious free dynamic range[J]. Journal of optical communications and networking，2022，14(5)：389 - 397.

[29]　LI S，ZHENG X，ZHANG H，et al. Highly linear radio-over-fiber system incorporating a single-drive dual-parallel mach-zehnder modulator[J]. IEEE photonics technology letters，2010，22(24)：1775 - 1777.

[30]　ZHANG G，ZHENG X，LI S. Post-compensation for nonlinearity of Mach -

Zehnder modulator in radio-over-fiber system based on second-order optical sideband processing[J]. Optics letters, 2012, 37(5): 806 – 808.

[31]　KIM S K, LIU W, PEI Q, et al. Nonlinear intermodulation distortion suppression in coherent analog fiber optic link using electro-optic polymeric dual parallel Mach-Zehnder modulator[J]. Optics express, 2011, 19(8): 7865 – 7871.

[32]　CUI Y, DAI Y, YIN F, et al. Enhanced spurious-free dynamic range in intensity-modulated analog photonic link using digital postprocessing[J]. IEEE photonics journal, 2014, 6(2): 7900608.

[33]　HUANG M, FU J, PAN S. Linearized analog photonic links based on a dual-parallel polarization modulator[J]. Optics letters, 2012, 37(11): 1823 – 1825.

[34]　LIANG D, TAN Q, JIANG W, et al. Influence of power distribution on performance of intermodulation distortion suppression [J]. IEEE photonics technology letters, 2015, 27(15): 1639 – 1641.

[35]　ZHU Z, ZHAO S, LI X, et al. Dynamic range improvement for an analog photonic link using an integrated electro-optic dual-polarization modulator [J]. IEEE photonics journal, 2016, 8(2): 7903410.

[36]　CHEN X, LI W, YAO J. Microwave photonic link with improved dynamic range using a polarization modulator[J]. IEEE photonics technology letters, 2013, 25 (14): 1373 – 1376.

[37]　LI W, YAO J. Dynamic range improvement of a microwave photonic link based on bi-directional use of a polarization modulator in a Sagnac loop[J]. Optics express, 2013, 21(13): 15692 – 15697.

[38]　GAO Y, WEN A, CAO J, et al. Linearization of an analog photonic link based on chirp modulation and fiber dispersion[J]. Journal of optics, 2015, 17(3): 035705.

[39]　TAN Q, GAO Y, FAN Y, et al. Multi-octave analog photonic link with improved second- and third-order SFDRs[J]. Optics communications, 2018, 410: 685 – 689.

[40]　DARCIE T E, DRIESSEN P F. Class-AB techniques for high-dynamic-range microwave-photonic links[J]. IEEE photonics technology letters, 2006, 18(8): 929 – 931.

[41]　BULL J D, DARCIE T E, ZHANG J, et al. Broadband class-AB microwave-photonic link using polarization modulation[J]. IEEE photonics technology letters, 2006, 18(9): 1073 – 1075.

[42]　GAO Y, WEN A, PENG Z, et al. Analog photonic link with tunable optical carrier to sideband ratio and balanced detection[J]. IEEE photonics journal, 2017, 9 (2): 7200510.

[43]　MENDOZA O. Measurement of EVM (Error Vector Magnitude) for 3G Receivers [D]. Gothenburg Chalmers tekniska högsk. , 2002.

[44]　SEVIC J F, STAUDINGER J. Simulation of power amplifier adjacent-channel power ratio for digital wireless communication systems [C]. IEEE Vehicular

Technology Conference，IEEE，1997，600415.

[45]　ETSI TS 138 104-2018，5G；NR；Base Station（BS）radio transmission and reception（V15.3.0；3GPP TS 38.104 version 15.3.0 Release 15）[S].

[46]　YAO J，ZENG F，WANG Q. Photonic generation of ultrawideband signals[J]. IEEE journal of lightwave technology，2007，25(11)：3219 - 3225.

[47]　Agrawal G. 非线性光纤光学[M]. 贾东方，葛春风，等译. 5 版. 北京：电子工业出版社，2014.

[48]　GLIESE U，NORSKOV S，NIELSEN T N. Chromatic dispersion in fiber-optic microwave and millimeter-wave links[J]. IEEE transactions on microwave theory & techniques，1996，44(10)：1716 - 1724.

[49]　CORRAL J L，MARTI J，FUSTER J M. General expressions for IM/DD dispersive analog optical links with external modulation or optical up-conversion in a Mach-Zehnder electrooptical modulator[J]. IEEE transactions on microwave theory & techniques，2001，49(10)：1968 - 1976.

[50]　ZHANG H，PAN S，HUANG M，et al. Polarization-modulated analog photonic link with compensation of the dispersion-inducedpower fading[J]. Optics letters，2012，37(5)：866 - 868.

[51]　TANG Z，PAN S. A filter-free photonic microwave single sideband mixer[J]. IEEE microwave and wireless components letters，2016，26(1)：67 - 69.

[52]　ZHAI W，WEN A，ZHANG W，et al. A multi-channel phase tunable microwave photonic mixer with high conversion gain and elimination of dispersion-induced power fading[J]. IEEE photonics journal，2018，10(1)：5500210.

[53]　SMITH G H，NOVAK D.，AHMED Z. Technique for optical SSB generation to overcome dispersion penalties in fibre-radio systems[J]. Electronics letters，1997，33(1)：74 - 75.

[54]　JING L，NING T，LI P，et al. An improved radio over fiber system with high sensitivity and reduced power degradation by employing a triangular CFBG[J]. IEEE photonics technology letters，2010，22(7)：516 - 518.

[55]　PARK J，SORIN W V，LAU K Y. Elimination of the fibre chromatic dispersion penalty on 1550nm millimeter-wave optical transmission[J]. Electronics letters，1997，33(6)：512 - 513.

[56]　BLAIS S R，YAO J. Optical single sideband modulation using an ultranarrow dual-transmission-band fiber Bragg grating[J]. IEEE photonics technology letters，2006，18(21)：2230 - 2232.

[57]　LI S，ZHENG X，ZHANG H，et al. Compensation of dispersion induced power fading for highly linear radio-over-fiber link using carrier phase-shifted double sideband modulation[J]. Optics letters，2011，36(4)：546 - 548.